春

二十四节气
气象中的

郑远——著

九州出版社
JIUZHOUPRESS

自序

二十四节气是我们的祖先创造的一套知识和文化体系，它以科学为出发点，和太阳直射点、天文历法严丝合缝、不差分毫；每个节气的命名，又紧扣气候学和气象学，反映了季节转换、温度升降、降水多寡、天象变化等等，既有科学依据，又具文化意义。二十四节气不仅在我国耳熟能详，在日本、韩国等其他国家也广为人知。

有证据表明，早在三千多年前的西周，中华民族的祖先们就敏锐地察觉到，每天的太阳不一样高。他们发明出圭表来测量太阳高度，就这么测了好多年，祖先们总结经验：太阳每天有多高是有规律可循的。太阳到达一定高度时，总会有一些天气大事发生；这些大事发生的时候，庄稼长得就不一样了，该干活儿了。就这样，祖先们成功地把天文学、天气学、物候和农学联系起来，组成一套词库般的历法，告诉大家每年什么时候太阳会有多高，这时候天气会怎么样，庄稼会怎么长，该干什么农活儿，这就是二十四节气。西汉淮南王刘安组织编写的《淮南子》中，第一次系统地阐述了二十四节气，并把它归类在天文篇。

现在我们知道，二十四节气与地球绕太阳的公转严格对应。如果把地球绕太阳转的轨道看成一个圆，二十四节气正好把这个圆二十四等分，每个节气之间相隔十五度。所以说，二十四节气的出发点是如假包换的科学，具体说是天文学。它和阳历的日期能对上，和农历反而对不上，因为农历是阴阳历，因此说它是“农历二十四节气”是错误的。不过，二十四节气确实不仅仅是科学。每个节气都有优雅的名称，使我们联想到大美时节的画面和令人向往的意境，引无数文人骚客作诗赋词，泼墨挥毫，构成一个文化宝库。譬如，提到清明节气，我们一定会想到“雨纷纷”。

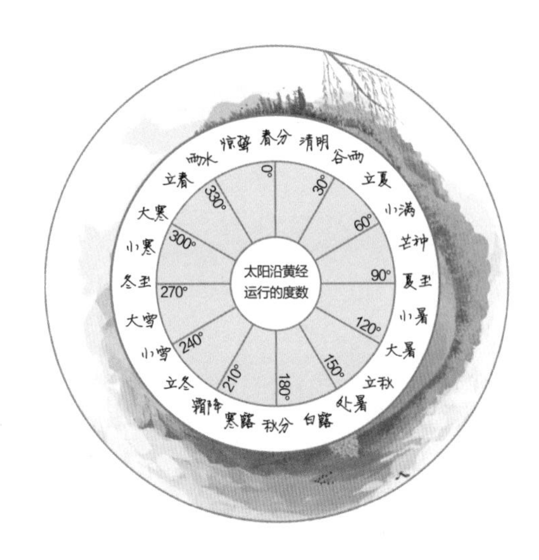

当然，在二十四节气确立之时，我们国家的经济和人口中心在中原，在黄河流域，尤其是河南、山东和陕西关中地区，还没有长江三角洲和珠江三角洲什么事，农业是当时经济结构的主体。经过千年的历史变迁和气候变化，二十四节气在很多地方也就不适用了。譬如说，在2020年立冬这天，广州连秋天都没到，还是夏天；小雪节气的时候，我国东北刚刚经历一次强降雪，看起来并不是小雪，而是大雪和暴雪，并不是小雪节气本来的含义“中原地区的第一场雪”。

另外，气候是气候，天气是天气。现在全球陆地气温和海洋表层水温都在逐年升高，在气候变暖的背景下，每一年的天气变化都很大。有些年份华北平原在11月初就下雪，而且降雪非常大，譬如2012年；也有些年份一直拖到1月才下雪。这是因为下雪是一项高难度动作，不仅需要冷气，还需要水汽，更需要二者完美的配合。又如，有的年份非常湿润，江南甚至北方1月时就可以打雷，海南在2月就出现高温。难道说，因为惊蛰节气和小暑节气已经不适应现在的气候，就需要把它们的时间前移吗？

类似的问题，日本也曾经遇到过。根据日本《每日新闻》的消息，日本气象协会认为，日本的气候和我国中原地区不一样，不应该套用我国的二十四节气，而应该根据日本天气变化的特点，制订“日本版二十四节气”。这一提议因日本各界的共同抵制而搁浅，反对者认为，不能机械地从气象学角度来看待，还应该看到它所包含的历史和文化意义。

作为炎黄子孙，我们生活在二十四节气的诞生地，对它系统地了解是非常必要的。现在科技发达了，我们可以在任意时间、任意地点，精确地查看太阳高度、天气情况和天气预报。从天文学和天气学上说，二十四节气的划分看起来或许有些简单，甚至有些不符合天气状况，但它的原理仍然是正确的，它是科学，更是历史和文化。这是我们祖先创造力和智慧的结晶，是古代中华文明高度的体现，具有永恒的价值。

本套书主要从天气和气候的角度讲述二十四节气，分析每个节气时的温度、降水、季节和气团变化情况，枚举其前后的典型天气。从中你可以看到，节气和天气确实有一些不同，譬如立秋时，我国大部分地区确实不是秋天，但在节气命名和物候背后，天气、气候变化的因子和线索都隐约可见。正如开头所说，二十四节气的出发点是不折不扣的科学，它是科学和文化、艺术、农时、物候的完美结合。

郑远

目录

春

立春

立，始建也。春气始而建立。

第一部分

气象特征

被称为“四时之始”的立春，是二十四节气中的首个节气。立春不仅指春天从此开始，它还指一年的开始，人们对这个节气寄托了希望和憧憬，希望新的一年能有新的生机，新的发展。不过，立春的“春天”并不是现代气象学意义上的春天，而更多的是指天文意义上的春天。

立春节气在每年的2月4日前后，它是最受欢迎的节气之一，所有人都对它翘首等待。人们祈盼阳光热烈，气温攀升，冬天的病毒消弭于无形。天气往往也会帮忙。立春后，我国大部分地区的阳光越来越明媚，气温在冷空气制造的小波折中大幅提升，夏天将从海南扩展到广东，春天将从岭南扩展到江南。不过，立春的这点热度还远不能杀灭病毒，我们还是要注意保暖，抵御春寒料峭，全面回暖很快就会到来。

立春似春

立春只是“像春天”而已。气象数据显示，立春时我国大部分地区的气温仅仅比大寒时高一点点，全国冬季的面积也和大寒时相差无几，立春时的温度甚至比立冬时还要低。我国的历史最低温度——漠河的零下52.3℃，正是立春后出现的。为什么会出现这种情况？因为立春时虽然太阳直射点北移，但海洋温度正处于全年最低点，地表温度也刚刚从低谷回升上来一点点，寒冷的惯性在延续，和立冬时完全不是一个概念。

因此，描绘立春的最佳形容词，不是“春回大地”，而是“春寒料峭”。例如2018年的立春节气时，全国大部分地区继续被严寒笼罩，丝毫看不到春天的影子。尤其是福建，在残留水汽和冷空气的共同作用下，福州、泉州、厦门的体感温度已全线低于冰箱冷藏室温度。福州市区出现2002年以来的首次降雪，2005年以来的首次固体降水；泉州清源山半山腰出现降雪，为21世纪以来首次降雪；厦门市郊的山区也下起了雪。罕见的降雪引发“上山观雪潮”，泉州市在夜里出现了交通拥堵。

不过，立春也有一些现代气象学上的意义。上海市气象局规定，现代气象学意义上的入春指立春后连续5天日平均气温超过10℃。通常将一天中2时、8时、14时和20时，这四个时刻的气温相加后取平均值，作为一天的平均气温，结果保留一位小数。在立春之前，即使达到这个标准也不算入春。因此，2016年上海迎来了“最早春天”。

可以看出，“最早立春”和“最早春天”不是一回事。2017年的立春是近120年来最早的一次，然而这个纪录并没有什么用。对我国大部分地区而言，当年的立春还远没有到气象学意义上的入春时间。立春后，我国中东部地区还有冷空气，南方还下了雪。

立春阳光

既然立春并不是现代气象学意义上的春天，那么这个“春”的意义在哪里呢？其实，立春和立夏、立秋、立冬一样，最重要的意义在于它的天文意义。立春时，太阳直射点从南回归线向北奔跑，回到南纬16度。虽然太阳直射点仍然很低，我国大部分地区接收到的太阳辐射还非常少，但同时，太阳热量已经开始增加，从而促使北半球开始发生一系列的天气转变。

在立春日逐渐增多的阳光影响下，北太平洋、南海和北印度洋的海水度过了温度最低的时期，水温开始上升。尽管此时的温度还非常低，但渤海湾、北方江河和大湖的冰面开始出现松动。因此，在春寒料峭，动物和植物还未苏醒时，坚冰的融化率先透露出勃勃生机。

风和寒潮

春寒料峭的立春，凌厉的寒潮和汹涌的春风常常轮流“坐庄”，造成大起大落如过山车般的天气。如2016年的立春节气，在极大的寒潮过后，从孟加拉湾和南海来的暖湿气流，乘着春风的脚步从华南上岸，吹向江南，北伐华北，甚至挺进东北。神州大地处处升温，冬之版图急剧缩小，春之版图迅速扩大。华南从大年初三开始湿暖逼人，有些地方不免雾气弥漫，甚至出现回南天。长江流域、淮河流域，包括长江三角洲在内，从大年初四到初六大范围降雨，淮河以北甚至出现了雪花。东北成了冷暖空气交锋最激烈的战场，从大年初三开始，大升温、大降温、暴风雪交替出现。

而立春时的寒潮，常常和暖湿气流搅和在一起，对南方影响更大。如2018年立春节气前后，强大的冷空气席卷南方，福建等地下起了雪。

由于立春时寒潮和春风常常交替出现，所以升温、降温的幅度会非常大，因此立春也是特别容易引发感冒的节气。如2018年立春寒潮过后，东北很多地方累计升温20℃，沈阳、长春、哈尔滨的气温直接冲到0℃以上。不过，这波升温弊大于利，气温一下子冲得太高，后面还要再降回来，大起大落容易诱发感冒。

立春雨雪

立春时，我国大部分地区仍然很冷。如2020年立春节气前后，华北平原普遍降雪。2月5日，受东风回流水汽的影响，京津地区出现降雪。由于云层很薄，北京局部还出现了“太阳雪”。2月6日，受暖湿气流的影响，北京又降下了一场雪，由于温度很低，积雪非常明显。随后，冷空气绕开陆地，取道黄海、东海北部进入浙江，与暖湿气流相遇，给杭州、宁波、绍兴等地的山区带来降雪。

第二部分

立春三候

初候，东风解冻。

二候，蛰虫始振。

三候，鱼陟负冰。

初候，东风解冻。

立春的三候，分别从天气、动物和大地的状态来说明春天即将到来。在天气方面，进入我国的东风和南风气流增多，气温、地表温度和水温都在上升，坚冰开始融化。这是对春之将至最好的注释。

二候，蛰虫始振。

蛰虫开始苏醒，是春天即将到来的象征之一。这类小小的动物在二十四节气的物候里出现过多次，最著名的是惊蛰，意思是雷声惊醒虫子。而在立春时，虫子只是从冬眠的状态中逐渐苏醒。实际上，这里的“蛰虫”也不仅仅指虫子，它还泛指那些有冬眠习惯的小动物。

三候，鱼陟负冰。

鱼陟负冰，是“东风解冻”的结果，也是“蛰虫始振”的佐证之一。在冰面化开之时，鱼儿也开始活动。它们在尚未完全融化的小碎冰下面，看起来就像背着冰块游动，形象地表现出“寒冷威犹在，春色关不住”的意境。

第三部分

节气习俗

汉宫春·立春日

［宋］辛弃疾

春已归来，看美人头上，袅袅春幡。无端风雨，未肯收尽余寒。年时燕子，料今宵、梦到西园。浑未办、黄柑荐酒，更传青韭堆盘。

却笑东风从此，便薰梅染柳，更没些闲。闲时又来镜里，转变朱颜。清愁不断，问何人、会解连环。生怕见、花开花落，朝来塞雁先还。

鞭春牛

鞭春牛可不是用鞭子打真牛，这是古时在立春日进行的鞭春之礼，也叫“打春”，自周代以来已延续了千年。目的是敦促人们及时春耕，给大家鼓舞士气，莫要错过农耕的大好时光。春牛通常是用泥土制成，复杂些的，则是用竹子、木杆扎出牛的形状，牛肚里放上五谷杂粮，然后糊上泥土，在土牛身上画上与节气相关的时辰图案。鞭春牛时，全村的男女老少都兴致勃勃地前来观看。春牛打破后，大家一拥而上，纷纷抢夺流出的谷物和土块，分享迎春的喜气。

迎春

古人把立春视为春天的开始，迎接春天的来临可是一件大事，因此，“迎春”是立春日极其隆重的仪式。在周代，为了表示仪式的庄重，天子还要提前进行预演，称为“演春”。立春当天，天子和文武百官身穿青色衣袍，头戴青色帽子，车上插着青色旗帜。众人浩浩荡荡来到东郊，由春官宣告仪式正式开始，百官在皇帝率领下祭祀春神句芒，迎接春神归来，祈求五谷丰登。

在我国古代民间神话中，句芒是春神、木神和东方之神，掌管草木的萌发生长，是主宰农业生产的神仙。相传，句芒有着人的面目，鸟的身体，身长三尺六寸五分，象征一年三百六十五天；手执二尺四寸长鞭，象征一年的二十四节气。

报春

除了“迎春”，立春日还有“报春”的习俗。官府派人或请来民间艺人装扮成“春吏”的样子，他们之中有人手执铜锣，边敲边穿行于大街小巷，高声喊着“春来了，春来了”；有人站在田间，敲着竹板，打着鼓，颂唱迎春的赞词。即使这样，春吏们生怕有人没听见，挨家挨户去报春，为每户人家送去春牛图。春牛图又叫迎春帖，通常是一张红色的纸，上面印有二十四节气名称和牵着耕牛行走的农人。人们恭恭敬敬地接过春牛图，贴在大门上，一时间春的气息传遍村庄的每个角落。

人人都知道春天来了，那么古人为什么还要如此热闹地去报春呢？其实，报春的目的就如同鞭春牛，都是在提醒大家顺应时节，要开始春耕啦。

戴春幡

“春已归来，看美人头上，袅袅春幡。”辛弃疾《汉宫春・立春日》中的诗句，说得正是立春时节戴春幡的习俗。无论是在宫中还是民间，年轻女孩儿们在这天都会用五彩丝帛做出花朵、春燕、春柳的样子，戴在头上装饰自己的发髻。戴春幡、剪春胜、簪春花，把春日的朝气佩戴在身上，人也焕然一新，是春日里最为浪漫和美好的习俗。

年轻的男子也要来凑凑热闹，他们故意将春花戴在自己头上，惹得大家忍不住大笑。看来，春风不仅使万物萌动，也让人们的心里开出喜悦和希望的花。

第四部分

花开时节

迎春花

[宋] 晏殊

浅艳侔莺羽，纖条结兔丝。

偏凌早春发，应诮众芳迟。

迎春花

迎春花与梅花、水仙、山茶并称“雪中四友”，花期在2月到4月。初春的北方冬雪还未消融，虽然已到立春时节，但是春姑娘有意和你捉迷藏，让你不容易寻到她的踪迹。迎春花最先洞察出春姑娘到来的秘密，早早开出鹅黄色的小花。由于它有着方形的枝条，故有“金腰带”之称。枝条并不是向上生长，而是呈优美的弧形垂向地面，仿佛在诉说着对大地的眷恋。

古人对迎春花有爱，有怜，也有怨。“黄花翠蔓无人顾，浪得迎春世上名。”有人怨它生得普通，白白浪费了“迎春”的美名。但更多人在它低调的外表下看出了坚毅，“覆阑纤弱绿条长，带雪冲寒折嫩黄。迎得春来非自足，百花千卉共芬芳。”为大家报春的迎春花没有丝毫自傲，只等与百花一起，将芬芳带回人间。

樱桃花

樱桃花的花期在3月到4月。很少有人不喜欢吃樱桃，小小一颗，光亮剔透，据说因有莺鸟常来逐食，故有“莺桃”“含桃”的别称。樱桃的花与果，就像一家人中性格迥异的两姐妹。成熟的樱桃果一袭娇艳红衣，颗颗欲坠；盛开的樱桃花则身披素雅白裙，略施粉晕，不争不抢地开放在早春时节。古人热衷在花下饮酒，唐代诗人刘禹锡诗云：“樱桃千万枝，照耀如雪天。王孙宴其下，隔水疑神仙。宿露发清香，初阳动暄妍。妖姬满髻插，酒客折枝传。”在初升旭日的映照下，樱桃花明媚动人，惹得女子摘花插于发髻，酒客折枝玩赏。只是这折花的行径，多少有些令人心疼。

望春花

望春花，指的是木兰科玉兰属中的望春玉兰，花期在3月。花朵硕大，香气浓郁，花色素白，唯独花瓣外面的基部有一抹紫红色。这一笔紫红的亮彩真是好看，使它不至于白的面积过大而显得单调。明末人程羽文在《清闲供·花历》中说：“正月：兰蕙芬，瑞香烈，樱桃始葩，径草绿，望春初放，百花萌动。”望春，名字中似乎就透着一丝得意。在春的气息来临之前，它已摆出最佳姿态，笑盈盈地望着春天急速赶来。有望春花绽放在先，白玉兰也等不及了，一夜之间将花挂满树枝，定要和望春一争高下。

第五部分

卷起春天

温柔的春风为万物带来生机，也把春天的气息吹到了餐桌上。立春日，人们要食用或向亲友馈赠春盘，春盘中盛放着当季的鲜芽嫩菜，把它们卷进圆薄的面饼，一口咬下去满是春天的味道。我们经常说的“咬春”，指的就是吃春饼。

春盘

温柔的春风为万物带来生机，也把春天的气息吹到了餐桌上。立春日，人们要食用或向亲友馈赠春盘，春盘中盛放着当季的鲜芽嫩菜。

春盘起源于晋代的五辛盘，“五辛”指的是葱、蒜、韭菜、油菜、香菜这五种味道刺激的蔬菜，因为是在春日食用，所以也叫“春盘”。随着历史变迁，春盘的内容越来越丰富，到了唐宋，萝卜、生菜、青蒿、黄韭以及其他各地的特色时蔬纷纷加入进来。蔬菜切丝切段，整齐地摆放在盘子里，把它们卷进圆薄的面饼，一口咬下去满是春天的味道。我们经常说的“咬春”，指的就是吃春饼。倘若没有春饼，咬上一块脆甜多汁的萝卜也是算数的。

宋代之后，春盘的地位不断提升。立春日前后，皇帝要向文武百官赏赐春盘，共同迎春。《岁时广记》中说：“立春前一日，大内出春盘并酒，以赐近臣。”明代大臣申时行也作有《立春日赐百官春饼》一诗：“紫宸朝罢听传餐，玉饵琼肴出太官。斋日未成三爵礼，早春先试五辛盘。”

吃着美味的春饼，新一年的轮回自此开启。人们赞美这充满希望的时节，也感伤岁月的易逝。陆游写道：“绍熙又见四番春，春日春盘节物新。独酌三杯愁对影，例添一岁老催人。”若想真正“咬住”岁月，唯有认真对待每个当下。

炸春卷

炸春卷是由春盘、春饼演变而来的美味小吃。春饼是用面烙成的薄饼，吃的时候卷上新鲜的蔬菜；炸春卷则是用干面皮包馅料，用微火煎、炸，直到外表呈现金黄色，吃起来外层酥脆，内里香嫩，又称为“炸春”。看来，只是“咬春”还不够，还要噼里啪啦地炸一炸，用更热烈的方式迎接春天的到来。

元代《居家必用事类全集》中有关于炸春卷的早期记载，书中称其为“卷煎饼”：“摊薄煎饼，松仁、榛仁、嫩莲肉、干柿、熟藕、银杏、熟栗、芭榄仁，以上除栗黄片切外皆细切，用蜜、糖霜和，加碎羊肉、姜末、盐、葱调和作馅，卷入煎饼，油焯过。”瞧瞧，这馅料的样数可真不少。清代著名的烹饪菜谱《调鼎集》中也记录了炸春卷的方法：“干面皮加包火腿肉、鸡等物，或四季时菜心，油炸供客。”炸春卷虽然没有春盘和春饼的排场大，但也不容小瞧，清代宫廷“满汉全席”的菜点中有九道主要点心，春卷便是其中之一。

源于我国的传统点心称为“中式面点”，按照特点可分为酥皮类、浆皮类、酥类、油炸类等八大类。在技艺精湛的面点师傅手中，面团经过擀、按、卷、包、切、摊、捏、叠等诸多成型手法，花样纷呈。作为中式面点中的一员，如今的炸春卷馅料越来越多样，包裹着甜豆沙馅的春卷，更是孩子们百吃不厌的小食。一个个金黄的“小包裹”将那份甜蜜藏得严严实实，只等孩子们来品尝了。

雨水

东风既解冻，则散而为雨。

第一部分

气象特征

立春过后十五天，便是二十四节气中的第二个节气——雨水。一般年份，雨水节气在2月19日前后。

雨水是全年第一个反映降水的节气，后面还有谷雨、小满、小雪、大雪等。降水之所以重要，是因为在我国悠久的历史中，农业一直是国家的重中之重，而降水关乎农业收成；另外，我国是季风气候，雨热同期，降水和气温变化相辅相成，雨水也反映了季节变化和物候变化。

和“清明雨纷纷”“谷雨是旺汛”相比，雨水时的降水往往非常温柔，北方“春雨贵如油”，南方却易有连阴雨。雨水时，海洋的表层水温还很低，水汽有限；而此时西伯利亚干冷空气的势力还很强大，经常和暖湿气流“对掐”，连续作战。因此，雨水时有三个鲜明的特点：一是北方雪盛，南方阴雨连绵；二是常常大雾弥漫；三是华南沿海容易出现回南天。

雨水中的暴雪

雨水节气，恰好是北方下雪最大的时候。气象数据表明，雨水节气时，海洋水汽已经北上到黄河流域，而这里的气温还比较低，容易发生大规模的强降雪；另外，由于西风带气流带来丰沛的水汽，新疆在此时容易降暴雪。如2017年雨水节气前后，乌鲁木齐连续降雪15个小时，总降雪量达到25毫米，差一点就达到特大暴雪级别。乌鲁木齐不少地方的积雪超过50厘米，不久之后，呼和浩特等地也降下大雪。

如果冷空气特别强，南方就难免会下起“雨水雪”。如2019年雨水节气前后，随着低层冷空气渗透和南支波动强力送水，杭州西部山区率先降下暴雪。随着西部山区积雪反馈和强回波的东移，杭州市区从雨夹冰粒快速转为鹅毛大雪，一度还出现了红波降雪，雪势猛烈。

雨水节气前后也是青藏高原的暴雪季节。2019年，因大风吹雪，青海的共和至玉树高速公路，在玛多至玉树方向566千米处出现严重积雪，最深处厚达8米。可见，雨水节气的“水”，既可以表现为雨，也可以表现为雪。

南方连阴雨

雨水节气前后，南方容易出现连续阴雨和湿冷天气。概括来说，这时暖湿气流的势力并不是很强，而冷空气又有所减弱，两者容易在南方，尤其是西南、江南地区拉锯。具体来说，如果南支槽偏强，太平洋上又发生厄尔尼诺现象，那么南方在雨水节气前后特别容易出现连阴雨。

为什么会出现这种情况呢？因为南支槽就是在青藏高原南侧向南弯曲的低压槽，它是我国冬季降雨的最主要的水汽输送系统。每到青藏高原降雪特别多、积雪严重偏多的年份，南支槽一旦形成就会长久维持，所以水汽才源源不断地向东输送。而在南支槽引导水汽向东输送的时候，由于厄尔尼诺状态的发力，中太平洋对流发展形成上升区，西北太平洋就形成一个相应的下沉区，从而让西北太平洋副热带高压特别偏西、偏强，在东南沿海“堵”了一下，水汽无处可去，于是全部输送到我国南方，在副热带高压北侧憋出一个雨带，雨带中轴位于西南和江南地区，就是降雨最多的地方。

连阴雨天气在各地的表现并不一样。江南会特别湿冷，如2019年雨水节气前后的武汉，出现了有气象记录以来2月中旬从未有过的长时间低温阴雨天气，连续11天最高气温不超过5℃。这种气温在0℃至5℃的湿冷天气既不能低到满足下雪的条件，又没办法爽快地现出太阳，实在是难受极了。不仅是武汉，当年整个沿江和江南地区，在2月中旬和下旬只能和雨水“打游击战”，在夹缝中寻找太阳的踪迹。

而离热带海洋更近的华南，水汽和热量明显更多，容易出现强对流天气。仍然是2019年雨水节气前后，广州在24小时内雨量超过了100毫米，为2月罕见的大暴雨；福建也有两个气象站监测到大暴雨，为当地历史上一年中最早发生的大暴雨。在此之前，福建省三明市永安县有强雷暴单体发展，出现冰雹、雷暴大风等激烈天气。总体来说，华南和江南的雨是互斥的，江南连阴雨时，华南就是副热带高压控制下的炎热；华南连阴雨时，江南就可能出太阳。

雾气弥漫

如果水汽输送不够多，同时冷空气也不够强，那么就会出现大雾。例如，2017年的雨水节气前后，海口大雾弥漫。这是天气回暖的特征。在海口大雾后不久，暖空气赶走了冷空气，不仅仅是海口，海南全岛都进入夏天模式，最高气温普遍回升到30℃以上，有些地方气温超过35℃。

另外还有一种情况，就是在冷空气完全缺席时，也会出现大雾。如2018年雨水节气前后，海南和广东之间的琼州海峡时不时浓雾弥漫，导致间歇性停航。这场浓雾维持了多日才彻底消散。

暴躁回暖

雨水节气前后，由于水汽和云量增多，我国总体气温回升是缓慢的。不过这仅仅是总体情况。在有些年份里，南方的回暖相当急促，可称得上“暴躁回暖”。如2020年雨水节气前后，副热带高压大幅“西伸北抬”，强烈的暖湿气流大举北上，江南地区迎来一次大幅度回暖，长沙、南昌等地在户外可以穿短袖，武汉、杭州的气温升到25℃上下，一派春暖花开的景象。而这时距离上一次寒潮不到10天。

再如，2018年雨水节气前后，上海迎来连续晴天，气温迅猛上升。同一段时间，福建省各地的气温十分高调，全省大部分地区气温升至20℃以上，部分地区气温甚至升到25℃以上，可谓暖意融融。

不过，雨水的暴躁回暖，始终和夜间降温、暴躁寒潮联系在一起。虽然此时南方在中午可以穿短袖，但多地的夜间气温又将降至10℃至15℃，要穿厚衣服御寒。而在升温过后，往往就是一场凶猛的寒潮。如2017年雨水节气前后，有一股寒潮南下席卷南方。在寒潮来之前，长江流域奇暖无比，不过寒潮到来之后，最低气温直接降到冰点附近。随后，这股寒潮还让福建浦城、武夷山等地雪花纷飞，让福州市区的气温降到5℃上下。

第二部分

雨水三候

初候，獭祭鱼。

二候，鸿雁来。

三候，草木萌动。

初候，獭祭鱼。

雨水的初候，是从动物的行动开始讲起。“獭”就是水獭，“祭鱼”就是捕鱼。水獭把捕到的鱼堆积在岸边，就像祭祀时陈列的供品。水獭开始捕鱼，说明了两个问题：一是江河湖面上的坚冰已经融化了大半；二是动物们都开始活跃起来。这是春天更近一步的象征。

二候，鸿雁来。

从小寒和大寒节气起，大雁就捕捉到了春之将来的气息，开始向北迁徙。而到了雨水节气，大雁从很热的华南，飞到开始回暖的江南，也就是坚冰融化的中原地区。

三候，草木萌动。

春的前进是全方位的，不仅有水里的“獭祭鱼”，天上的“鸿雁来”，更有大地上的“草木萌动”。不过相比前两者，草木萌动、万物生机盎然的时间要稍微晚一点，因为从降水增加到草木生长需要一个过程。

第三部分

节气习俗

元宵

［明］唐寅

有灯无月不娱人，有月无灯不算春。
春到人间人似玉，灯烧月下月如银。
满街珠翠游村女，沸地笙歌赛社神。
不展芳尊开口笑，如何消得此良辰。

闹元宵

雨水节气期间有一个非常重要的传统节日，那就是元宵节。元宵节为每年的农历正月十五日，古人称正月为元月，称夜晚为“宵”，这天是一年中第一个月圆之夜。圆月在我国传统文化中有着众多的象征意义，因此这天的夜晚受到人们格外关注，“元宵节”之名由此而来。元宵节又称“灯节”，闹花灯、咏灯诗、赏灯联、猜灯谜……可谓“火树银花不夜天”。此时正值春回大地，天上一轮明月与地上的万盏彩灯交相辉映，人们在狂欢中互送祝福，“不展芳尊开口笑，如何消得此良辰”。

拉保保

四川方言里称干爹为“保保”，“拉保保”的意思就是认干爹。在川西一些地区，雨水这天有拉保保的民俗活动。旧时，由于医疗水平落后，很多孩子从小体弱多病。父母为孩子寻一位有福之人拜干爹，是希望借助他的福气，庇佑孩子健康地长大。“春雨贵如油”，很早之前，古人就意识到雨水对于草木、庄稼生长的重要性。选择在雨水拉保保，寓意孩子也能得到如雨露般的福泽滋润。拉保保要在固定的时间和场所进行。父母准备好酒菜、香蜡等物，带着孩子在人群中不断寻觅合适的人选。倘若希望孩子长大后是个有文化的人，那就找一位有诗书气的读书人做干爹；若是孩子体质较弱，那就找一位身强体壮的人做干爹。这其实表达了劳动人民避灾祈福的朴素愿望。

填仓节

农历正月二十五是填仓节，据说这天是仓王爷的生日，民间会举行各种活动仪式，祈愿新年粮食大丰收。填仓，意为“填满谷仓”。各地根据自己的风俗，填满谷仓的方式可谓五花八门。有的地方在自家的院子或打谷场，用灶灰、米糠等围出仓的形状，里面放上粮食；有的地方的粮商米贩，这天要祭拜仓神；还有的地方，人们要尽可能填饱自己的肚子，以此来表示“仓满”。

关于填仓节的由来，相传是为了纪念一位冒死开仓放粮的仓官。有一年，北方连续大旱。皇帝不但不开仓救济，反倒强征皇粮，以致民不聊生。看守皇仓的仓官于心不忍，擅自开仓放粮，救济灾民。他知道皇帝绝不会饶恕他，便一把火烧了仓库，自己也被烧死了。这天是正月二十五，人们为了纪念这位无名的仓官，每年的这个时候就会修补粮仓，后来逐渐形成填仓的传统。

偷菜节

农历正月十五还是苗族一个非常有趣的节日——偷菜节。这天晚上，月亮升起后，苗族姑娘们三五成群地聚在一起，悄悄去到别人家的菜地里偷摘蔬菜。菜也不是随便摘的，这里面还有几个规矩。首先，不能偷本家族的菜，也不能偷同姓人家的；其次，只能偷白菜，在数量上也有所限制。

虽然叫“偷菜”，实际上并不怕被主人发现，主人发现后不但不生气，心里还美滋滋的。因为有人来“偷菜”，说明自己种的菜长得好，预示着今年会有好收成。姑娘们把“偷”来的菜做成一桌白菜宴。据说，谁吃得最多，谁就能最早找到意中人，所养的蚕也会最肥壮。

第四部分

花开时节

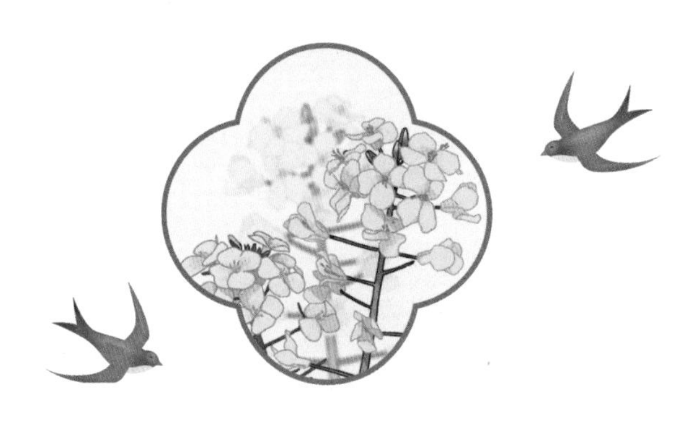

宿新市徐公店

[宋] 杨万里

篱落疏疏一径深，树头花落未成阴。

儿童急走追黄蝶，飞入菜花无处寻。

油菜花

每年春天，在江西婺源篁岭、汉中盆地、云南罗平平原、青海门源等地会迎来大量游客，他们都是为观赏油菜花田美景而来。油菜，一种十字花科芸薹属草本植物，花期在3月到4月，是我国重要的经济作物之一。南宋时期，由于生活在北方的宋人大批南下，南方粮食告急，迫使人们想方设法在有限的耕地上提高粮食的产量。油菜有很强的适应性，可以度过江南的冬天，于是秋收之后，人们就在空闲的土地上种植油菜，等到春天气温回暖，油菜开花后就可以收籽了。油菜的大面积种植，使得春天的田野变成金色的海洋。单朵花看上去确实朴实无华，鲜黄色，花瓣四片，两两对称；可是，接天连地的花海却有改变大地面貌的魔力，在“金色花毯”的映衬下，村庄、溪流、山川也都变得明丽起来。

杏花

在百花仙子中，杏花仙子的特点是擅长变装。杏花的花期在3月到4月，未开时，花苞是深红色；当花瓣绽开，红色渐渐褪去，变为浅浅的粉红色；待到快要凋落之时，则是满枝的雪白了。提起杏花，总让人联想到江南的春雨。“沾衣欲湿杏花雨，吹面不寒杨柳风。”“小楼一夜听春雨，深巷明朝卖杏花。”“两岸晓烟杨柳绿，一园春雨杏花红。”雨打杏花摇，花瓣雨中飘，有了杏花，春雨就柔和了许多。

杏花的意象不但是温柔的，还是庄严的。相传孔子在杏树下为弟子讲学，培养出三千弟子，七十二贤人。杏树寿命长，老杏树苍劲挺拔，阵风吹过，如雪的花瓣落在课桌上、书本上、老师的衣襟上、学生的肩上。但是没有人在意，此时只听得到谆谆教导声。此情此景被世人所颂扬，“杏坛”逐渐成为教育界的代名词。

李花

李花，即李树的花，花期在4月，一簇簇白色的小花繁茂地生于枝间。在古代，李花和桃花常常一起出现，清代李渔在《闲情偶寄》中将它们誉为“领袖群芳者”，这是因为红色和白色是最为常见的花色，桃花的颜色“红之极纯”，李花的颜色“白之至洁”。但李树的寿命长于桃树，即便树枝已枯，依然果实饱满。

第五部分

雨水润万物，佳肴表心意

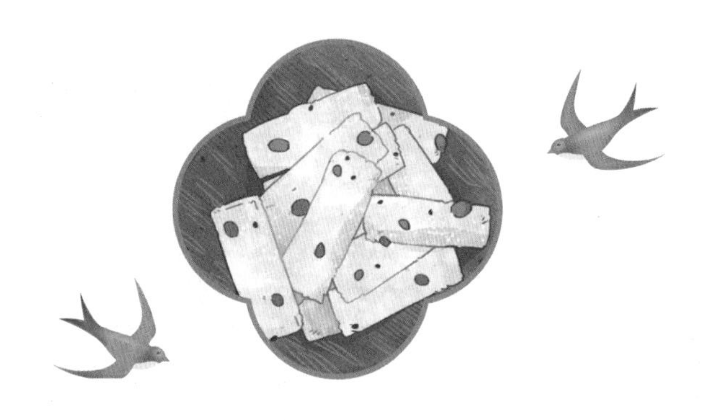

雨水节气，是一个感恩的时节。给予万物生命的春雨，就像赋予我们生命的父母，在平凡的生活中无声地滋润着我们。在民间，人们会在这天孝敬父母，出嫁的女儿拎上一罐香糯酥烂的罐罐肉，和丈夫一起回娘家。罐罐肉是送给父母的礼物，感谢他们将女儿辛辛苦苦地抚养长大。

罐罐肉

雨水节气，是一个感恩的时节。草木生长离不开雨，它们把深深浅浅的新绿布满各个角落，来报答春雨的恩泽。人们耕田种地离不开雨，期盼一场喜雨，感恩一场及时雨，祈求年年风调雨顺。“好雨知时节，当春乃发生。随风潜入夜，润物细无声。”给予万物生命的春雨，就像赋予我们生命的父母，在平凡的生活中无声地滋润着我们。在民间，人们会在雨水这天孝敬父母，希望借助大自然的生机勃发，祈愿家中的老人福禄安康。

雨水当天一大早，出嫁的女儿便会拎上一罐香糯酥烂的罐罐肉，和丈夫一起回娘家。罐罐肉是女儿、女婿送给父母的礼物，感谢他们将女儿辛辛苦苦地抚养长大。肉首选自家养的年猪，罐内垫上四段甘蔗，加入桂圆、大枣、枸杞，小火慢煨数个小时而成。罐子离火冷却后，用红绸布将罐口封好。父母则把带来的罐子重新装满米，让女儿女婿带回家，以此祝愿他们过上富足安乐的生活。

陶罐是一种相当古老的容器。早在新石器时期，人们发现黏土经过火烧之后会变硬且不再变形，逐渐发明出陶制器皿。陶罐烹肉是古代常用的烹饪方法，陶罐相貌不出众，甚至还略显粗糙，但却可以长时间恒温加热，是炖、焖、煨、焐的绝好器具。罐罐肉色泽红亮，肉质酥烂、不碎不腻，对于牙口不好的老人来说，也很容易咀嚼。细雨蒙蒙的时节，因为有了这人间烟火，而更加温暖了。

糯米花

雨水节吃糯米花源于民间“占稻色”的习俗，传说从宋代就开始了。“占稻色”流行于华南稻作地区，在那里农人以水稻种植作为主要的生存和发展方式。糯谷被放到热锅中翻炒，争相绽放开来。炒谷人往往表情严肃，仔细听着锅里传出的噼啪声，观察米花膨胀和上色的程度，根据这些来预测当年庄稼的收成。爆出来的糯米花越多，意味着当年稻谷收成越好，粮食大丰收；爆出来的糯米花少，则暗示当年稻谷收成不好，恐怕市面上的谷米将要涨价，最好早做打算。

在中元节这天，宋代吴中各地的人们也会通过爆糯米花来占卜一年的时运。清代学者赵翼在他的《檐曝杂记》中记录了一首《爆孛娄诗》：“东入吴门十万家，家家爆谷卜年华。就锅排下黄金粟，转手翻成白玉花。红粉美人占喜事，白头老叟问生涯。晓来妆饰诸儿子，数片梅花插鬓斜。”家家户户爆炒糯谷，噼啪声在大街小巷此起彼伏，真像过节一样热闹。

爆米花作为一种历史悠久的膨化食品，虽起源于占卜，却早已成为人们喜爱的小食，不仅可以直接食用，还可加工成米花糖等美味甜品。在南方，爆米花多用糯米和大米；在北方，则多是用玉米。只不过，玉米到了明代才传入我国，和糯米花相比，玉米花要晚得多。

七八十年代，我们经常在街边看到老式的爆米花机，黑乎乎的像大炮一样。一群孩子一手捂着耳朵，一手抱个小桶，兴奋又焦急地等在不远处。卖爆米花的师傅摇动摇手，嘭！一声巨响过后，孩子们呼啦一下涌上前，把热腾腾的爆米花装满小桶，然后心满意足地退回稍远的地方，等待下一次爆响带来的快乐。

惊蛰

万物出乎震，震为雷，故曰惊蛰，是蛰虫惊而出走矣。

第一部分

气象特征

每年的3月5日或6日，惊蛰节气到来。这是二十四节气中的第三个节气，也是唯一一个以强对流天气（雷暴）为主要特征的节气。

所谓“惊”，就是指春雷响动，惊醒了正在冬眠的动物；而“蛰”就是蛰虫，是春雷惊醒的对象。“惊蛰”仅用两个字，就描绘出春雷惊醒万物的复苏景象，可谓神来之笔。

如果说立春、雨水时，春天还是羞答答迈不开步子，那么惊蛰节气之后，春天就正式撒开脚丫子，向北狂奔。因为在惊蛰节气前后，太阳直射点已经逐步接近赤道，到春分后正式进入北半球。我国接收到的太阳能量不断增加，累积到一定程度后，量变逐步到了质变。在立春和雨水时，我国冬季的面积仍然近900万平方千米，但到惊蛰时，冬季的面积只有800万平方千米左右了，甚至夏天开始在海南等地出现。

强对流和初雷

强对流主要是指雷雨大风、冰雹、龙卷风、飑线和短时强降水等天气，强对流系统水平尺度小、生命史短、突发性强，因此，虽然强对流天气来去匆匆，但天气变化剧烈，一般都会特别引人注目，甚至造成灾害。惊蛰时节，正是强对流天气开始的时候，南方大多可听到全年的第一次雷声，也就是“初雷”。2018年惊蛰节气前后，海南省澄迈县突发强对流天气，下起了雷雨和冰雹，海口也打响了2018年的第一声雷。

人们听到初雷时，往往是欣喜的，因为这象征着夏天已经登上华南地区，春天正向北方加速赶来。然而，强对流天气有可能造成灾害。在全球气候变暖的今天，越来越严重的强对流天气灾害是我国面临的挑战。由于我国的冷暖空气充分交汇，导致强对流天气多发。强对流天气的特点，一是能量高度集中，范围虽小，但强度特别大，有时比台风还厉害；二是无法精确预报，经常搞突然袭击。

和台风只对沿海产生影响不同，强对流天气在任何地方都可能发生。2020年惊蛰节气后，江西省定南县城和龙南县部分乡镇遭遇了历史罕见的强对流，有钢混建筑落地窗被整面击碎，砖瓦房屋顶被掀掉，县城气象站监测到的最大阵风为11级，但由于强对流大风极度不均匀，所以实际最大阵风应该在12级以上。近几年，由于气温和地温持续偏高，大气能量越来越大，强对流天气越来越厉害，且有超过台风成为我国第一大气象灾害的趋势，值得关注。

雷打雪

惊蛰节气前后，打雷是常见的。但与此同时，冷空气还很强，下雪也很常见。如果强烈的暖湿空气遇到了更强的冷空气，打雷和下雪的条件被同时满足，那么就会出现“雷打雪”的奇观。如2013年惊蛰节气前，江苏、安徽、上海在炸雷声声中迎来了大雪，不少人在睡梦中被炸雷惊醒，误以为置身夏天，哪知道窗外已是白雪皑皑。气象监测事后显示，苏皖南部发生密集雷暴的区域，与强降雪区域相重合。

回南天

惊蛰节气前后，南方常常会出现一种极端的返潮天气，这就是“回南天”。顾名思义，随着冷空气产生的影响逐渐结束，被赶到海洋上的暖湿气流掉头反扑、卷土重来，带来潮湿的水汽和气温回升。此前在冷空气的影响下，地表和物体的温度普遍偏低，而随着水汽卷土重来，温暖的水汽凝固在低温物体上，回南天就开始了。从气象学意义上说，回南天出现时，室内地温、室外露点之差已低于0℃，正因为地温低于露点，所以小水珠会在室内凝结，到处都水汪汪的。

回南天多见于华南，是广东人最讨厌的天气之一。如2016年惊蛰节气前后，在强盛但缓慢的暖湿气流和较低的地面温度共同作用下，广东迎来多年难遇的严重回南天，室内外温差增大，室内物体温度小于空气露点，南粤大地四处渗水，沿海浓雾弥漫，交通受到严重影响。在这次回南天之后，暖湿气流进一步加强，广东出现了连续降雨。

如果暖湿气流实在太强，江南偶尔也会出现回南天。如2018年惊蛰节气前后，暖湿气流强势进入江浙沪皖，各地温度、湿度都迅速上升。然而此时地温还比较低，所以水汽在地板上、玻璃上凝结，到处潮乎乎的，这就是“回南天”。一般来讲，江南的回南天比华南要少得多，因为江南的水汽远不如华南充足。2018年回南天在江南的出现，是暖湿气流极其强势的表现。

最后一场寒潮

每年惊蛰节气前后，都是寒潮频发的时间段，复苏的暖湿气流与实力尚存的寒流彼此交汇、碰撞，带来中东部阵阵春雨。若遇上寒潮强势的年份，江南3月飞雪也是正常情况，比如2005年的“312寒潮”、2016年的“308寒潮”。这是一年之中造成降温最剧烈的寒潮之一，但往往也是整个冬天的最后一场寒潮。由于3月寒潮到来之前天气往往会急剧升温，所以寒潮带来的降温尤其猛烈，大批植物被冻死，损失严重。在2005年“312寒潮”中，浙江大雪压垮大棚无数。

第二部分

惊蛰三候

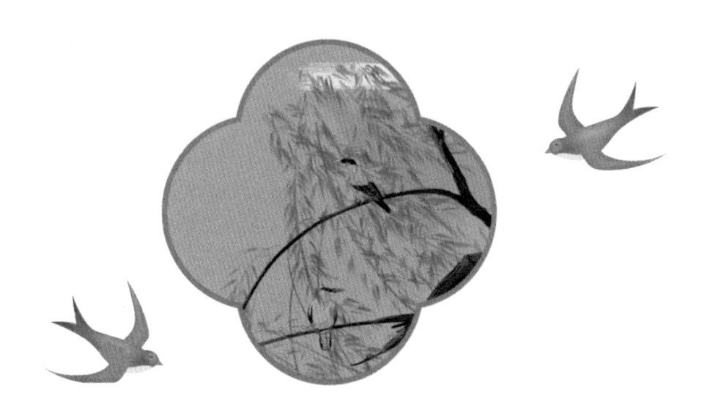

初候，桃始华。

二候，仓庚鸣。

三候，鹰化为鸠。

初候，桃始华。

这里的“华”是通假字，实际上是“花”。惊蛰节气前后，桃花开始盛开。桃树是能敏感地感知春季来临的果树之一，桃花盛开时，也差不多是惊蛰节气到来之时。

二候，仓庚鸣。

仓庚，就是黄鹂。这是一幅和桃花盛开相配的美好画面：东风徐来，流水潺动，大地回春，桃花盛开，黄鹂鸣叫。这些共同组成一幅早春盛景图，这正是惊蛰节气的生动图景。

三候，鹰化为鸠。

鹰，指的是老鹰；鸠，指的是另一种鸟。惊蛰节气时，老鹰从天空“退下”，但它的声音好像还在空中。其实，发出老鹰般叫声的并不是老鹰，而是鸠。鸠是一种诡计多端的鸟，它模仿老鹰的叫声，是为了吓唬像喜鹊这样的鸟，逼它们让出领地，所以有“鸠占鹊巢”的说法。因此，老鹰“消失”，鸠出现，让古人以为老鹰变成了鸠。

第三部分

节气习俗

观田家

［唐］韦应物

微雨众卉新，一雷惊蛰始。
田家几日闲，耕种从此起。
丁壮俱在野，场圃亦就理。
归来景常晏，饮犊西涧水。
饥劬不自苦，膏泽且为喜。
仓廪无宿储，徭役犹未已。
方惭不耕者，禄食出闾里。

龙头节

“二月二，龙抬头。”在惊蛰前后，有一个人们熟知的农历节日，俗称“龙头节”“青龙节”。民间相传，这一天龙神会从沉睡中醒来，升向天空。这个时期很多地区降水增多，古人认为这是龙神显灵，春临大地，万物复苏，视为祥瑞之兆。

古代天文学家根据日月五星的运行轨迹把天空划分为二十八星宿，以此来表示日月五星的运行和位置。其中，东方的七个星宿组成一个完整的龙形，人们称它“东方苍龙”。“二月二”不仅有大地生机盎然的变化，在天象中，“东方苍龙”中的龙角星从东方地平线上升起，预示“龙抬头”。

为了春耕的顺利进行，龙头节这天是和龙神套近乎的日子，饺子要称“龙耳”“龙角”；米饭称“龙子”，煎饼烙成龙鳞状，称“龙鳞饼”。这天给孩子理发，叫“剃喜头”，借龙抬头的吉祥寓意，祝福孩子将来能够出人头地。

炒虫

俗话说："惊蛰过，百虫苏。"春雷过后，昆虫们纷纷钻出泥土，开始活跃起来，这里面当然也包括不少害虫。于是，各地都会举行一些寓意驱赶害虫的活动，企盼害虫远离自己和家人，也不要到田里去捣乱，"炒虫"便是其中之一。

"炒虫"不是炒真虫子。在山东地区，家家户户炒黄豆，爆炒黄豆时，铁锅里发出的噼里啪啦声越响，代表害虫被消灭得越彻底。在客家地区，人们炒豆子、米谷、南瓜子、向日葵子以及各种蔬菜种子，炒熟后分给自家和邻居家的孩子吃。有些客家人还会做芋子饭或芋子饺，因为芋子看上去像"毛虫"，吃过芋子饭，期盼毛虫不会出来祸害庄稼。

咒雀

咒雀，就是吓唬鸟雀，好让它们在谷物成熟时不敢来啄食。这个习俗在晚清民初时流行于云南宣威一带。咒雀的方式格外有趣，惊蛰日清晨，农夫家的大人们一听见鸟雀的鸣叫声，就赶紧把自己的孩子叫过来，给他们每人一个可以敲响的铜制器具，让他们到田里去咒雀。孩子们急忙跑到田间，顺着田埂一边走一边敲，嘴里不断唱着咒雀词："金嘴雀，银嘴雀，我今朝，来咒过，吃着我的谷子烂嘴壳……"受到惊吓的鸟雀立刻扑棱棱地飞走了。孩子们通常很喜欢这件差事，就像是在做游戏。只是他们必须走遍自家所有的田埂，才可以回家。

蒙鼓皮

我们都听过敲鼓的声音，咚咚咚，像极了天上的响雷。惊蛰时节，春雷滚滚，“微雨众卉新，一雷惊蛰始”。在古人的观念中，既然人间的鼓需要人来敲响，那么天上也应该有一位掌管响雷的神仙。他们想象这位雷神和人长得差不多，但嘴巴是鸟嘴，身后有一对翅膀，身边环绕着好多面天鼓。雷神一手持锤，一手连续击打天鼓，发出咚隆咚隆的雷声。

雷神在天上击天鼓，人间就顺应天意蒙鼓皮。民间在做鼓时，常常先把准备工作做好，等到惊蛰这天再将鼓皮蒙上去。据说按此做法，鼓皮上的漆痕会出现一圈圈的波纹，击打出的声音作用力会更强。

第四部分

花开时节

江畔独步寻花·其五

[唐] 杜甫

黄师塔前江水东，春光懒困倚微风。

桃花一簇开无主，可爱深红爱浅红？

桃花

桃花的花期在3月到4月。“人间四月芳菲尽，山寺桃花始盛开。长恨春归无觅处，不知转入此中来。”若要在百花之中选一种最能代表春天的花，相信不少人会把票投给桃花。陶渊明的《桃花源记》为桃花蒙上一层神秘超凡的色彩，无数人寻着那位武陵人曾经的足迹，幻想有朝一日踏入理想的国度。与桃花源的宁静相反，尘世间的桃花更多的是艳丽的热闹。《诗经》云：“桃之夭夭，灼灼其华。之子于归，宜其室家。”在盛开的桃花下，新娘美艳动人，处处洋溢着新婚的喜庆。唐代诗人崔护就没这么好运了。“去年今日此门中，人面桃花相映红。人面不知何处去，桃花依旧笑春风。”桃花依旧红，只是去年见到的美丽少女，早已寻不到了。

棣棠

春日里的黄花格外多，除了前面提到的迎春花、油菜花，还有连翘、黄素馨、金钟花以及棣棠。野生棣棠的花期在4月到5月，本为单瓣花，五片花瓣整齐地排成一圈。后来，人们在栽培过程中发现，有的植株靠近花瓣的外侧雄蕊发生了变异，雄蕊长成了花瓣的样子，变为重瓣花。层层叠叠的重瓣棣棠更加受到人们的青睐，在人类有意栽培下，得以留存生长。棣棠适合成片的丛植，坡地、池畔、林下、岩石旁常能见到它的身影。日本人尤其喜爱棣棠，还给它起了个极富诗意的名字“山吹花”。在舒爽的山风吹拂下，金黄的花枝肆意舞动，相比人类刻意的布置栽种，这时的棣棠充满了山野的趣味。

蔷薇

蔷薇是一种蔓生藤本植物，需要攀附在墙壁、篱笆或架子上才能向上生长，李时珍在《本草纲目》中称它为“墙蘼”，说的正是其“草蔓柔靡，依墙援而生”的特点。倘若没有依附物，蔷薇花就会呼啦啦地铺满地面，好像绣花的被面，因此又有“锦被堆花”的别称。蔷薇虽为著名的观赏花卉，在我国的栽培历史也极为久远，但却没有名花的地位，与传统名花牡丹、梅花、月季相比，更是相去甚远。也许是古人认为蔷薇的枝条过于柔弱，依赖他物才能“挺起腰板”，少了花的风骨。蔷薇品种繁多，我们现在说的蔷薇，常指的是它的原种野蔷薇，花期在4月到6月。

第五部分

春雷生新笋

“夜打春雷第一声，满山新笋玉棱棱。”笋，是竹子初生的嫩芽，《尔雅 · 释草》中称它为“竹萌”。春天气温回暖，地下的笋芽再也按捺不住了。一夜春雨，几声春雷，“雨后春笋”披上柔软的棕毛，纷纷破土而出。

春笋

笋，是竹子初生的嫩芽，《尔雅·释草》中称它为“竹萌”。肥硕的竹笋看上去确实“萌萌哒”，让人联想到胖乎乎的熊猫；而细长的竹笋，又如美人的纤纤玉指。

笋有冬笋和春笋之分，冬笋在晚秋萌芽，冬天悄悄蛰藏在土中，不着急生出地面，这时的笋最为鲜嫩。春天气温回暖，地下的笋芽再也按捺不住了，一夜春雨，几声春雷，“雨后春笋”披上柔软的棕毛，纷纷破土而出。在江南，惊蛰之后长出的笋，称为“雷笋”。清代画家金农在《春笋图》上题曰：“夜打春雷第一声，满山新笋玉棱棱。”

吃春笋的秘诀在于一个“鲜”字。清代嘉庆年间，两淮盐商首总黄至筠，命人在清晨挑着煮笋的罐子上山。春笋被挖出后，立刻放入罐中，罐子放在点好火的小炭炉上，由身强力壮的挑夫挑担急行，一路走一路煮，到了目的地后，端起罐子直接上桌。这种吃法，需要有经济实力的人才能做到。宋代词人林洪的方法就简单多了，选一处繁茂的竹林，用飘落的竹叶生火，坐在林边煨煮鲜笋。这笋的味道太过鲜美，林洪特意为它起了个名字，叫“傍林鲜”。

春笋不只适合清煮，与肉搭配更别有一番鲜味。苏东坡喜爱竹子，他写过一首打趣诗：“宁可食无肉，不可居无竹。无肉使人瘦，无竹使人俗。人瘦尚可肥，士俗不可医。”有趣的是，自从他吃过“笋煮肉”后，态度就转变为：“若使不瘦又不俗，餐餐笋煮肉。”

梨

古人称梨为“果宗”，意为“百果之宗”。梨的品种众多，人们见它果肉晶莹剔透，犹如白玉一般，汁水多且清香甘甜，为它取了不少好听的名字：玉露、甘棠、快果、蜜父……我国从周朝就有了关于梨的记载，可是，由于“梨”与“离”同音，长久以来它可受了不少委屈。古时候，在除夕、中秋节等传统节日里，梨是不能摆上桌的。

不过，惊蛰却是对梨十分友好的节气，民间自古有惊蛰吃梨的传统。惊蛰节气里，气温呈跳跃式回升，温暖和燥热忽然之间就来了，人们常常会感到口干舌燥。梨清甜润肺，可以生吃、水蒸、煮水、榨汁，正是其大显身手的时刻。

就像其他习俗一样，惊蛰吃梨在民间流传着各种说法。一种说法是，“春雷惊百虫”，吃梨是希望害虫和疾病能远离自己和家人；另外一种说法是，“梨”与“犁”同音，农谚云“到了惊蛰头，锄头不停歇”，寓意忙碌的春耕要开始了。

惊蛰吃梨，还有离家创业的寓意。相传在雍正年间，有个叫渠百川的年轻人，先祖靠贩梨起家。渠百川打算走西口去闯天下，那天正好是惊蛰，他的父亲拿出梨告诫他：“先祖贩梨创业，历经艰难险阻。今日你要走西口，吃梨是让你不忘先祖，努力创业光宗耀祖。”渠百川没有辜负父亲的厚望，经商致富，渠家逐渐成为清代商界的名门望族。后来，走西口的人纷纷效仿，久而久之，惊蛰之日吃梨成为约定俗成的事，寄予人们想要成就一番事业，使家族荣光的决心。

春分

分者，黄赤相交之点，太阳行至此，乃昼夜平分。

第一部分

气象特征

春分，是一年中两次“日月平分”的节气之一。因地球并不是正圆形，所以每年的春分时间稍有区别，但一般是在3月20日或21日。

春分时，太阳直射赤道，地球的白天和黑夜时间等长，晨昏线从南极点连接到北极点；不同于秋分后阳光的离开，春分后太阳直射点正式移动到北半球，且在夏至前越来越靠北，越来越靠近华南大陆，我国接收到的热量越来越多。

古人认为，春分到来时，春天的一大半已经过去了。春分之前有三个春的节气——立春、雨水和惊蛰，春分之后有两个春的节气——清明和谷雨。对我国大部分地区来说，春分之后，春益繁盛。

春风

春分时节的风，可以称得上是春风了。这个时候，我国大部分地区的风向，从西北逐渐转为东或东南，风力柔顺，风中带水，越来越温柔，越来越有生命力。贺知章有诗云“二月春风似剪刀”，“二月”指的是农历二月，其实就是阳历3月，即春分前后。春分的风，像一双塑造生命的手，让沉睡的柳芽破皮而出；又像剪刀一样鬼斧神工，裁出柳叶的模样。

然而春分时，也是我国最后一股寒潮南下的时候。这个时候，东风和南风不得不让位，西伯利亚干冷空气卷着西北风呼啸南下。由于我国中东部此时气温很高，南北气压差加大，因此3月的西北风往往风力特别大，甚至超过隆冬时节。当高达8级至10级的大风掠过塞外，冲出沙漠时，它们往往带着灰尘，裹挟着泥沙，让天空一片灰黄，大地暗沉。这也是春风，对此著名作家林斤澜曾经专门撰文叙写，虽然这种春风粗犷可怖，但也酣畅淋漓。

西北风毕竟是春分的例外，它来得急，但去得也快。春分之后，东风和南风越来越多，北风越来越少，温柔、可爱的风中，逐渐有了一丝暑气。

春分气温

按现代气象学标准，春分前后，才是我国大部分地区春季的开始。3月下旬起，踯躅于江南的春天突然大幅北跃，它与柔和的春风一起，渡长江、跨黄河，很快来到中原地带。据气象数据统计，3月20日前后，春天在我国中部迅速“突围”，从江西、湖南直入河南，但受海洋影响，在东部地区的前进速度反而慢一点，3月下旬抵达江浙沪。

与此同时，春分时，从华南到江南，从江南到黄河流域，都是春天的地盘，面积占我国总面积的一小半，然而生活在春天里的人口占我国总人口的一大半。可以说，春分是全国最多人同时经历春天的节气。

春分时节，仍然乍暖还寒。由于前期温度快速回升，这时的寒潮降温往往比冬天时更加迅猛。新疆、内蒙古和东北经常在一天之内降温十几摄氏度甚至二十几摄氏度，最低气温仍然达到零下10℃甚至更低，华北平原甚至江南的气温也可以达到0℃以下。与此同时，夏季率先“发货”的海南岛，已经开始频繁出现高温天气，海口的气温不时超过35℃甚至37℃。

春分气团

春分时，正好是大陆冷气团和海洋暖气团激烈交锋之时。上文中提到的东风、南风，就是海洋暖气团的信使，它们羞羞答答，欲进还休。而西北风就是大陆冷气团本尊，它们不甘心失去阵地，隔三差五地动员所有主力倾巢南下，就想把海洋气团赶回老家。然而，时间和日光的天平倒向了海洋气团这边，尽管大陆冷气团用尽全力，海洋暖气团依然在一步步吞噬它们的地盘。

正是因为海洋暖气团的北上，我国的风向已经以东风和南风为主导，西北风只是偶然凶一下；也正是因为海洋暖气团步步为营，我国的气温节节升高，湿度在不断增大，降水在不断增多。

春分时还有一种特殊的气团，那就是大陆干热气团，这是热带季风气候所独有的。每年3月中下旬，副热带高压控制中南半岛以及我国的海南岛和云南南部，这些地方就会吹起非常干燥的西南风，与之相随的是干热高温天气。

春分降水

随着海洋暖气团的北进，水汽丰富的东风、南风逐渐在我国吹开，春分前后我国大部分地区的降水呈现增加态势。其中，北方尤其是华北平原从以下雪为主，转为以下雨为主。以北京为例，这里3月的平均降水量已经达到10毫米，比2月增加了不止一倍。

而在南方，雨水已经比较丰富了。在华南地区，春分时节正是海洋暖湿气团主力即将上岸的时候，如果有冷空气渗透下来，这里往往会出现倾盆暴雨，前汛期第一阶段即将开始。而在江南地区，空气的湿度也大大增加，出现了久违的中到大雨。而且随着气候变暖，现在江南地区在春分时也可以出现暴雨了。

如果说，惊蛰响起了惊醒蛰虫的第一声雷，那么春分时的雷声，不管是激烈程度还是频繁程度，都会比惊蛰时大得多，足以让蛰虫彻彻底底地“起床”。春分时，伴有雷声的强对流降水已经开始从南方扩展到北方，河南、山东等地的雷雨越来越多了。

春分阳光

春分时，大陆冷气团和海洋暖气团都没有在我国取得主导地位。因此，我国上空的云系变化比较快，降水总体来说以急雨、急雪为主，阳光还是比较充足的。而且，春分时太阳直射点到达赤道，还会进一步向北移动，因此全国各地的日照时间都在延长。

不过，两个气团势均力敌，有可能在我国上空胶着在一起，形成持续连绵的阴雨天气。在天气学上有一个术语，叫“冬春连阴雨”，说的就是春分前后阳光稀少的天气，多见于江南。如2020年3月，湖南永兴一个月里有27天在下雨。

第二部分

春分三候

初候，玄鸟至。

二候，雷乃发声。

三候，始电。

初候，玄鸟至。

玄鸟又名“元鸟”，也就是燕子。每年春分节气前后，燕子从南方飞回中原地区。因此，玄鸟归来是春分初候最重要的特征。燕子回来，说明天气明显转暖，雨水明显增多。虫子开始活动，鸟类因此获得充足的食物。

二候，雷乃发声。

闪电是大气中的放电现象，放电时水滴急剧膨胀，发出的响声就是雷声，雷电是一体的。惊蛰时期的雷声还非常弱小，只能惊醒虫子，而春分时的雷声足以惊扰人类了。

三候，始电。

雷和电是一体的。之所以先听到雷声，是因为春分时的强对流活动还不强，闪电的强度和密度小，持续时间短，不容易被察觉。相比之下，雷声持续时间长，所以雷声先被人类察觉，而后才是闪电。

第三部分

节气习俗

社日

［唐］王驾

鹅湖山下稻粱肥，豚栅鸡栖半掩扉。

桑柘影斜春社散，家家扶得醉人归。

竖蛋

“春分到，蛋儿俏。”春分这天有一个有趣的游戏比赛——竖蛋，看看谁最先把鸡蛋立起来。竖蛋的方式很简单：选择一个光滑匀称、刚生下四五天的新鲜鸡蛋，小头的一端朝上，大头的一端朝下，找准重心，小心翼翼地把它立到桌上。两头圆圆的鸡蛋虽然很难竖起来，但只要尝试的次数多，还是有不少人挑战成功的。

春分竖蛋的习俗已经有四千多年的历史，是一个相当古老的游戏。人们认为，春分这天“昼夜均而寒暑平”，地球处于一个相对平衡的状态，竖鸡蛋会更容易。其实，只要你掌握了窍门，再加上足够的耐心，即使不是春分，鸡蛋也照样可以竖起来。不过人们更在乎的，是在热闹的游戏中，分享春天到来的喜悦。

祭日

自周代开始，帝王要在春分日祭拜日神。清代潘荣陛在《帝京岁时纪胜》中记载：“春分祭日，秋分祭月，乃国之大典，士民不得擅祀。”祭日月是由皇帝率领的官方祭祀活动，十分隆重，普通老百姓是不允许私自进行的。

明清时，皇帝祭日的地方在北京的日坛。日坛又名朝日坛，是一座圆形建筑，正中有一座方形拜神台，坛面最初为红色琉璃，象征太阳，清代时改为方砖墁砌。秋分日，皇帝要到月坛祭月。月坛的坛面为白色琉璃，象征洁白的月亮。除此之外，冬至祭天，夏至祭地，天坛、地坛、日坛、月坛和先农坛，合称为“五坛”，是北京城中重要的古代祭祀场所。

春社

春社，古代在春分前后举行的祭祀土地神的活动，是农业社会重要的仪式之一。春社有官社和民社之分。与仪式烦琐的官社相比，民间的春社要欢乐多了。村子里的街坊邻居共同出资，准备祭祀土地神的好酒好肉，祭祀过后，大家聚在一起食用，叫作“食社饭，饮社酒”。人们敲社鼓，观社戏，一片欢歌笑语。

古诗词中有不少关于春社的描写，唐代诗人王驾《社日》云：“桑柘影斜春社散，家家扶得醉人归。”傍晚夕阳西下，村民们从刚刚散场的春社中走出，很多人已醉得站不住脚，需人搀扶才能归家，可见春社的活动是多么使人尽兴啊。

花朝节

中国人素来爱花，以至于要为百花挑选一个生日，好让大家名正言顺地庆贺一番。百花生日就是“花朝节”，又称“花神节”“扑蝶会”。由于南北方气候的不同，节日时间在各地并不一致，多在农历二月初二、二月十二或二月十五日。此时春日正当时，“百花生日是良辰，未到花朝一半春。红紫万千披锦绣，尚劳点缀贺花神。”清代蔡云这首《咏花朝》，描绘的正是百花如锦绣般争先绽放的景象。

节日当天，人们相约到郊外踏青赏花，姑娘们剪五色彩绢粘在花枝上，称为“赏红”，还有拜花神、放花神灯等习俗。据说，武则天对花极为痴迷，每到花朝节这天，她就令宫女采来百花蒸成花糕，赏赐群臣。

第四部分

花开时节

海棠

［宋］苏轼

东风袅袅泛崇光，香雾空蒙月转廊。

只恐夜深花睡去，故烧高烛照红妆。

海棠

海棠是历代的著名花木，它的品种繁多，常见的苹果属海棠有垂丝海棠和西府海棠。西府海棠枝条繁密，花与枝向天生长，挺拔而飒爽。相比之下，垂丝海棠显得娇羞多了。垂丝海棠花期在3月到4月，它的花梗细长，花朵刚刚绽放时还好奇地望向天空，全部开放后，仿佛一下子害羞起来了，粉红的花朵低垂下来，姿态优美娇柔。“垂丝别得一风光，谁道全输蜀海棠。风搅玉皇红世界，日烘青帝紫衣裳。”在诗人杨万里眼中，垂丝海棠的身姿别有风韵，其他海棠都无法与它相媲美。

梨花

洁白的梨花清淡素雅，古人称它为“晴雪”“淡客”“香雪”“玉雨花”，花期在3月到5月。很多人分不清梨花和樱花，乍看上去，两者确实非常相像，仔细观察可以发现，樱花的花瓣上有个小缺口，也就是“花裂”，而梨花是没有的。也许是因为梨与“离”谐音，也许是梨花的花色过于素净，在古人眼里，梨花总是透着一股忧伤的愁绪，“雨打梨花深闭门”的意境在古诗词中反复出现。所幸，唐时人们喜欢在盛开的梨花下把酒言欢，梨花也终于能暂时告别悲伤，凑凑这酒兴的热闹。

木兰

木兰、玉兰和辛夷常常被人们混淆，有人认为它们是一种花的不同名字，有人则认为是三种完全不同的花。即使是在书籍文献中，关于它们的介绍也不尽相同。按照目前人们普遍认同的观点，木兰在明代以前是几种木兰属植物的统称，后来木兰和玉兰逐渐区分开来。玉兰多指白玉兰，也泛指木兰属的不同品类植物；木兰则多指紫玉兰，也称辛夷。

紫玉兰盛开在春分时节，花期在3月到4月，花朵单生于枝头顶端，未开放的花苞就像毛笔的笔头，古人给它起名为“木笔”。木兰的花朵很大，花瓣外面是紫红色，里面是白色，不见花的娇媚，反而多了力量感，使人一下子就想到代父从军的巾帼英雄——花木兰。

第五部分

与大自然分一杯春羹

春分，又到了“春风又绿江南岸”的时节。新绿的芽叶惹得人心里痒痒的，人们在这天吃春菜、喝春汤，与大自然分一杯春羹。在岭南地区，春菜指的是一种野苋菜，当地百姓称它为“春碧蒿”；在北方地区，春菜还常指莴苣之类的蔬菜。

春菜

春分意味着又到了“春风又绿江南岸”的时节。这时新绿的芽叶惹得人心里痒痒的，人们在这天吃春菜、喝春汤，与大自然分一杯春羹。

在岭南地区，春菜指的是一种野苋菜，当地百姓称它为“春碧蒿”。春分的美，让人怎么亲近都不满足，阳光和煦，草长莺飞，杨柳醉春烟。在无限春色中，采摘野菜成了一件令人愉悦的事。人们将野苋菜的嫩茎叶带回家，和鱼片一起熬煮成“春汤”。民谚说：“春汤灌脏，洗涤肝肠。阖家老少，平安健康。”想来，也许是因为春分的芽叶绿得纯净、清澈，充满生命的活力吧。

苋菜有野苋菜和人工栽培的苋菜，后者是多种野生苋菜的杂交后代。我国栽培苋菜的历史非常悠久，元代农业科学著作《农桑辑要》中，就提到了苋菜的栽培方法。清代植物学家吴其浚认为：“野苋炒食，比家苋更美。”不过，这就是“仁者见仁，智者见智”的事了，需要你亲自来品尝。

在北方地区，春菜还常指莴苣之类的蔬菜。莴苣的名字读起来有些拗口，宋代《清异录》中记载了它的由来：隋朝时，呙国使者带来了一种蔬菜的种子，隋人花重金将菜种买下，称它为“千金菜”，也就是后来的莴苣。“呙国”究竟在哪里，早已无从考据，但“呙”字保留在了这种蔬菜的名字里。杜甫不仅喜欢吃莴苣，还亲自种植。他在长诗《种莴苣》中诉说了种莴苣的苦恼。原来，生命力旺盛的野苋菜经常侵占莴苣的地盘。“苋也无所施，胡颜入筐篚。”最终的解决方案，只能将野苋菜一并采入筐中。

香椿

“雨前椿芽嫩如丝，雨后椿芽似木质。”这句民间俗语中所说的“雨”，指的是谷雨节气，采摘香椿要赶在谷雨之前，芽叶一老就不好吃了。在春分时节，椿枝就开始吐出嫩芽，散发出阵阵香气。不过，香椿的“香”是挑人的，不是人人都闻得来，喜欢的人对它情有独钟，觉得这香味美妙无比；不喜欢的人则完全接受不了。

古人把香椿作为品茶时的茶点，“香椿香椿慎勿哗，儿童攀摘来上茶，嚼之竟日香齿牙。”我们常吃的香椿拌豆腐，在清代的《素食说略》中就有记载：“香椿以开水淬过，用香油、盐拌食甚佳，或以香油与豆腐同拌，亦佳。”碧绿的椿芽搭配白玉豆腐，有一种赏心悦目的素雅。至于味道，正如汪曾祺先生所说“一箸入口，三春不忘”，称赞香椿拌豆腐为“拌豆腐里的上上品”。

香椿芽长在树上，被誉为“树上蔬菜”。椿树的寿命很长，古人认为它是长寿的象征，常用椿树代指父亲，称父亲为“椿庭”。这个典故出自《庄子·逍遥游》：“上古有大椿者，以八千岁为春，八千岁为秋。”“椿萱”指的就是父亲和母亲，萱草是母亲的代名词，也称“萱堂”。唐代牟融有《送徐浩》诗云：“知君此去情偏切，堂上椿萱雪满头。”儿女离家远游，闯荡世界，留下家中满头白发的父母。古时交通和通信都极不发达，此去一别，不知何时才能再相见。短短一行诗句，透着满目的心酸与无奈。

清明

万物生长此时，皆清洁而明净。

第一部分

气象特征

清明，以清明风和清明节为大众所熟知。一般来说，清明节气在每年的4月5日前后。我国古籍《淮南子》中记载：“春分后十五日，斗指乙，则清明风至。”这句话明确点出了清明的渊源，以及清明和春分的关系。不过，清明风和清明节传递出来的情绪是相反的，清明风象征着清爽明净，而清明节则总和愁郁悲伤、阴雨连绵挂上钩。

清明之后，再过一个谷雨节气，立夏也就到了。夏季风将从南海中南部逐渐向北爬升，即将踏上我国的陆地。二十四节气和现代气象学的联系，总是这么妥帖和巧妙。

清明风

清明风是“清明”二字的来源之一。这里的“清明”，意为清爽明净，柔和带水，其实就是东南风。司马迁在《史记·律书》中云：“清明风居东南维，主风吹万物而西之。”这就明确说明了清明风的风向和来源。当然，从现代气象学的角度来看，这里的东南风并不是夏季风，而是阶段性的海洋吹向大陆的风，水汽含量远远不如夏季风高。正因为此，清明时，万物只是蓄势，还未到爆发式增长的季节。

不过，清明时还只是4月初，虽然冷空气比春分时大为减少，但还是存在的，偶尔可以达到寒潮强度，也可以南下到江南甚至华南。如2020年4月6日，冷空气直达海南岛，海口等地吹起北风。这个时候，清明风不是指东南风，而是指南方的倒春寒天气，常常会引起灾害。

对北方来说，清明风并不是以东南风为主，而是西北风的概率更大一些。而这个时候，新疆、内蒙古、甘肃一带的戈壁荒滩已经彻底解冻，西北风吹起时往往飞沙走石，带着沙尘直扑而来，一般情况下会影响京津冀和中原地区，偶尔可以南下江南，甚至远走日本和韩国。可见清明的风，并不一定都是可爱的。

清明气温

清明前后，现代气象学意义上的春天已经覆盖长城以南的大部分地区，按常年气候平均标准来看，春天的北界已抵达京津冀。这不光是清明风的功劳，更主要的是太阳辐射的变化。春分之后，太阳直射点已经处于北半球，我国的日照时间越来越多，接收到的热量也越来越多。而风向转换，正是热量变化的一个标志。

清明时节，全国没有入春的地方，只有青藏高原、东北地区、新疆北部、内蒙古以及其他高海拔地区；而夏天开始跨过海岛，在广东雷州半岛、广西沿海等地登上我国大陆。清明过后，夏天就大显身手，开始控制华南。

由于冷空气仍然频繁出现，而且雨水增多，清明前后天气容易变冷，这个时候的“倒春寒”也是很厉害的。和春分相比，这个时候虽然很少有冷空气能够达到寒潮标准，但由于前期温度回升得更快，农作物生长得更加繁茂，这个时候的倒春寒，往往比春分时的危害更大。仍然以2020年4月的华南冷空气为例，广西桂林4月的月平均温度为18℃至25℃，海南三亚4月的月平均温度为26℃至32℃。而在这场降温中，广西桂林的最低气温降到了11℃以下，海南的温度一度降到20℃以下，且伴有连续阴雨，不管是对人们的生活和出行，还是对农作物生长，都造成了很大的影响。

清明气团

清明时，在大陆冷气团和海洋暖气团的激烈交锋之中，海洋暖气团明显占据上风。这个时候的风向已经是以东风和南风为主导，北风和西风只能变成配角。北风和西风即使不甘心失去阵地，倾巢南下，也赶不走海洋气团。在气象数据上就表现为，清明时，全国处在季风区的各个地方，不管是温度还是湿度，都在明显上升。

但是，清明时的冷气团也学会了伪装。它们眼看着明争不过，就采用“木马战术”，和水汽结合起来，变成湿冷气团。这种气团一般出现在南方的春季连阴雨到来之际。看似温柔的冷空气“咬定青山不放松”，和暖湿气流持续交汇在江南、华南时，往往带来意想不到的剧烈降温和持续阴冷天气。2020年4月，冷空气和暖湿气流交汇在长江沿线、江南和华南，南方大部分地区的气温比常年偏低2℃至3℃，局部气温偏低4℃至6℃，这就是清明湿冷气团的威力。

清明时分，大陆干热气团在中南半岛以及我国的海南岛和云南南部继续扩展，这些地方的高温天气变本加厉，有时气温竟然能达到40℃。除此之外，在越来越强烈的日照下，新疆塔里木盆地、甘肃和内蒙古的戈壁滩也逐渐变热，大陆干热气团即将在这些地区完成“首秀”。

清明降水

清明风对降水有极大的促进作用。气象数据很能说明问题：清明节气前后，南海西南暖湿气流第一次爆发，虽然这个爆发还远远比不上夏季风的强度，但足以让广东省进入前汛期。也正是从清明节气起，我国的主雨带形成。位于这条主雨带上的广东，有时候雨量可达暴雨到大暴雨级别。

在江南，水汽主要来源于东风和东南风，它们经常和冷空气打得难解难分，出现持续阴雨和气温偏低现象。由于东风和东南风来源于水温稍低的东海、黄海，所以江南的雨量远比不上华南。而在北方，清明节气的降水量当然也比之前大幅提升，除高海拔地区外，降雪大幅减少，下雨成为绝对主流。当然，偶尔也会有一次降雪，如2020年4月上旬，河南郑州就出现了雨夹雪。

在惊蛰和春分之后，清明时的大气能量大幅增加，降水的对流性特征越来越明显，强对流天气越来越多。华南往往出现激烈的狂风暴雨，甚至冰雹和龙卷风，这就是强对流天气。如果说，春分时的雷声足以让蛰虫彻底“起床”，那么清明时节的强对流就足以让虫子振翅飞翔，尤其是南方，防蚊虫、防毒虫开始进入人们的日常生活。

清明阳光

在清明风的影响下，清明时节虽然阳光暖意更浓，风更爽朗，但因为水汽更加丰富，日照反而比春分时有所减少。一方面，广东等地开始受主雨带影响，进入前汛期；另一方面，冷暖空气常在江南交汇，形成连阴雨天气，而清明风的北上，也常在北方造成大范围过程性降水。正因为此，杜牧的诗句“清明时节雨纷纷”才会成为千古名句，清明的标志也变成了降水。

不过，清明风毕竟是清爽明净的风。海洋气团除了带来降雨之外，也会带来气温升高和洁净的空气。如果没有冷空气捣乱，在晴到多云的清明时节，最适合出游、踏青。清明也是我国传统节日“清明节”，人们都在这个时候祭奠先祖，寄托哀思。

第二部分

清明三候

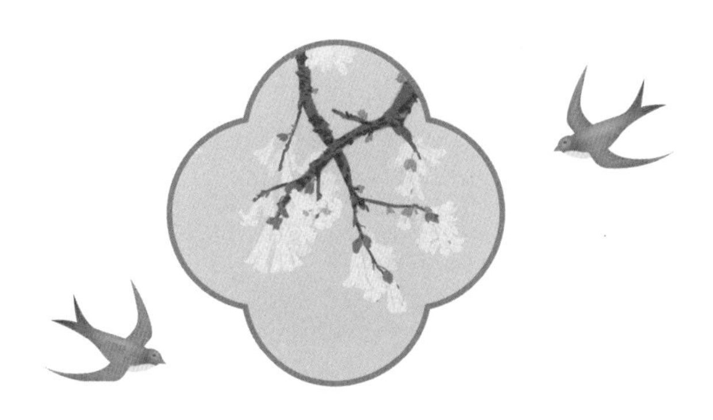

初候，桐始华。

二候，田鼠化为鴽。

三候，虹始见。

初候，桐始华。

桐，是指桐树；华，是“花”的通假字，在这里是“开花”的意思。每当清明节气前后，桐树会开出白色或紫色的花，提醒大家暮春已经到来。正如桃树开花让人想到惊蛰一样，桐树开花让人想到清明。

二候，田鼠化为鴽。

清明节气到来时，喜阴暗的田鼠往往会躲到洞穴里，而鹌鹑一类的小鸟开始出来活动，两种动物在人类面前转换了位置，好似“田鼠化为鴽”。

三候，虹始见。

虹是阳光通过细小水滴发生的折射现象。怎样才会出现这种充满细小水滴的空气呢？当然是下雨。而“雨纷纷”时的清明，正是一年中最早出现彩虹的节气。清明后，雨水越来越频繁，饱含水滴的空气越来越常见，彩虹出现的次数当然也会越来越多。

第三部分

节气习俗

寒食城东即事

［唐］王维

清溪一道穿桃李，演漾绿蒲涵白芷。

溪上人家凡几家，落花半落东流水。

蹴鞠屡过飞鸟上，秋千竞出垂杨里。

少年分日作遨游，不用清明兼上巳。

扫墓祭祖

扫墓祭祖，缅怀先人，是清明节最为重要的主题。按不同的祭祀场所，清明祭祀可分为墓祭和庙祭。墓祭，即为扫墓，不论人们身在何方，总会想尽办法在清明这天赶回家乡，亲自来到祖先的墓前，擦拭墓碑上的尘土，扫去周围的落叶枯枝，拔掉恣意生出的杂草，然后恭恭敬敬地摆上鲜花和供品，烧去纸钱，洒一杯美酒，说说家里发生的事情。人们用这种方式与祖先沟通，表达哀思，寻根问祖，明白自己的根在哪里，才能更勇敢地去闯荡世界。

除了扫墓，另一种祭祀方式是庙祭，也称“祠堂祭”。宗族的族人在清明这天共聚祠堂，祭拜先祖，仪式过后大家坐下来一起吃饭。平日里散落天涯的亲人，在这天齐聚一堂，让彼此的感情更加浓厚。

放风筝

清明踏青时，借着清明风放飞一只心爱的风筝，心境仿佛也跟着舒爽、宽广起来。古时候，清明放风筝还寓意着疾病和灾祸也会随之消散。待风筝飞得足够高时，人们就剪断风筝线，任它随风远去。

风筝起源于中国，相传木匠鼻祖鲁班发明的木鸢是风筝最早的原型。后来，制作鸢的材料由木头改为纸，称为“纸鸢”。再往后，人们又在纸鸢上绑上竹哨，当纸鸢飞起时，风吹哨的声音犹如筝鸣，“风筝”之名由此而来。北宋时，放风筝已成为全民喜爱的活动，我国历史上第一部风筝技艺专著《宣和风筝谱》，还是由宋徽宗亲自主持编纂的。

荡秋千

除了放风筝，荡秋千也是清明时节的传统娱乐项目。两根粗麻绳，一块长木板，貌似简单的秋千，却有着悠久的历史。秋千由春秋时期生活在我国北方的少数民族山戎发明的，后来被引进中原，最早叫作“千秋”。汉武帝时，皇宫举行祭祀祈祷活动，祈愿天子长生不老，拥有“千秋之寿”，并命宫女们在宫宴上耍“千秋”助兴。为了避讳，“千秋”被改为“秋千”。

元、明、清时，清明节甚至直接被称为“秋千节”。明代官员刘若愚在《酌中志·饮食好尚纪略》中记载：“三月初四日，宫眷内臣换穿罗衣。清明则秋千节也。带杨枝于鬓，坤宁宫后，及各宫皆安秋千一架。”可见人们对荡秋千的高涨热情。

蹴鞠

蹴鞠，是我国古代对踢球的说法。“蹴”是用脚踢，“鞠”指皮制的球。这项古老的运动诞生于春秋战国时期的齐国都城临淄。鞠的球面最初用皮革制成，球内塞满毛发，直到唐代才出现充气的球。

在古代的清明活动中，蹴鞠和秋千常常结伴出现，唐宋时尤为盛行。“路入梁州似掌平，秋千蹴鞠趁清明。”“蹴鞠屡过飞鸟上，秋千竞出垂杨里。”古人对蹴鞠的痴迷程度与现代球迷比起来毫不逊色，常常出现“球不离足，足不离球，华庭观赏，万人瞻仰”的盛况。由于充气球的出现使球体变轻，年轻姑娘们也加入到蹴鞠的行列，在热闹的清明时节，甚至可以和小伙子们同时上场，一决高下。

第四部分

花开时节

桐花

［元］方回

怅惜年光怨子规，王孙见事一何迟。
等闲春过三分二，凭仗桐花报与知。

桐花

桐花盛开时，春天已过去大半，此时又赶上清明时节，人们思念逝去的亲人，送别春天的离去，桐花也变得多愁善感起来。“客里不知春去尽，满山风雨落桐花。”桐花一般指的是毛泡桐的花，花期在4月到5月，花冠似钟，白花中略带紫色。

古代文人喜爱桐花的不在少数，但论起痴迷程度，还要数北宋学者陈翥。为了更好地研究桐树，陈翥在六十岁高龄时，在自家的山地中种植桐树上百棵，每天观察它们的生长状态，再结合野外调查和文献记载，最终写成《桐谱》一书，这是我国最早的一部比较详细地论述泡桐的专著。

麦花

小麦的花实在是太低调了，许多人可能一辈子都没有见过它，即使见过，也很可能认不出那就是麦花。麦花是白色的，很小，呈穗状花序，每个节点上的小穗都长有三到九朵小花，花期在5月到6月。人们往往只热衷于赞美金色的麦浪，而忽视麦花。这也难怪，谁让每朵麦花的开花时间如此短暂，一朵花只开放十五到三十分钟，生怕抢了麦浪的风头似的，匆匆凋落退场。即便如此，还是有人注意到它。南宋诗人范成大《四时田园杂兴》云："梅子金黄杏子肥，麦花雪白菜花稀。"杜甫在《为农》中说："圆荷浮小叶，细麦落轻花。"麦花虽不是观赏性花卉，却是农民的"报时花"，提醒他们留意收割的时间。

柳花

麦花和柳花像是一对“难兄难弟”，一个被人忽视，一个被人误解。古诗中描绘“春城无处不飞花，寒食东风御柳斜”，实际上，满城飞舞的并不是柳树的花，而是柳絮。柳絮是柳树的种子，柳花是柳枝上鹅黄色的柔荑花序，花期在3月到4月，红黄色的花药，生得小小的，在柳叶之间直立或斜立着，要离得很近才能看到。相比诗人浪漫但缺少科学依据的想象，李时珍在《本草纲目》中的记载更为准确：“杨柳，纵横倒顺插之皆生。春初生柔荑，即开黄蕊花。至春晚叶长成后，花中结细黑子，蕊落而絮出，如白绒，因风而飞。”

第五部分

“青色”的味道

清明时节，人们踏青归来，信手携回片片绿意，糅和在糯米团子中，便成了清明特有的节气美食——青团。“捣青草为汁，和粉作团，色如碧玉。”碧绿的青团闪着光泽，人们赋予它“翡翠团子”的美称，仿佛春天的精华都浓缩在这“翡翠美玉”之中。

青团

清明时节，人们踏青归来，信手携回片片绿意，糅和在糯米团子中，便成了清明特有的节气美食——青团。

青团是一种用草汁制成的传统小食，主要在江南一带盛行。清代袁枚在《随园食单》中描述它的制作过程："捣青草为汁，和粉作团，色如碧玉。"艾草、雀麦草、浆麦草、鼠曲草……都可成为制作青团的原料。草汁与糯米粉和在一起，揉捏成一个个小团子，中间包上豆沙、芝麻等馅料，底下垫一段芦叶，放入蒸笼蒸熟，再用毛刷在团子表面刷上一层熟菜油。碧绿的青团闪着光泽，人们赋予它"翡翠团子"的美称，仿佛春天的精华都浓缩在这"翡翠美玉"之中。

青团，又叫清明果、青色染饭、青白团子，最初是作为祭祀祖先的供品。相传，青团的出现与寒食节有关。春秋时期，晋国公子重耳流亡在外十九年，家臣介子推忠心耿耿追随，在重耳饿晕之时，介子推不惜割下自己身上的肉将他救活。后来，重耳做了晋国的国君，也就是历史上著名的晋文公。介子推不求功名，带着母亲归隐山林，无论晋文公怎样邀请劝说，他都不肯出山为官。无奈之下，晋文公以放火烧山相逼，谁知介子推宁肯抱树而死，也不愿放弃自己最看重的气节。

晋文公追悔莫及，为纪念介子推而将这一天定为寒食节，所有人家禁止生火，只能吃凉食。"古人寒食，采桐杨叶，染饭青色以祭，资阳气也。今变为青白团子，乃此义也。"古人在这天祭奠先人，就把这种青色的饭作为供品，也就是后来的青团。

由于寒食节和清明节只相差一两天，大约到了唐宋时期，两个节日渐渐合并，原本属于寒食节的青团，也成了清明节的节令食品。

子推馍

在陕北地区，人们有清明节做“子推馍”的习俗。从“子推馍”的名字便可得知，这项习俗也与寒食节有关，正是为了纪念淡泊名利、只求明君勤政爱民的介子推。

子推馍像特大号的馒头，但面团里面通常会包入红枣、核桃或者豆类，面团表面还要装饰各种造型的面花。面花又叫面塑，就是用面团捏出的装饰物。制作面团和面花的白面要分开揉制，软面做面团，蓬松柔软，易于吸收蒸汽；硬面做面花，结实劲道，容易捏出造型。子推馍在制作过程中并不着色，放到锅里蒸熟后，再用红绿为主的食用色素描绘颜色，最后放上红豆、黑豆、花椒等作为装饰点缀。

捏面花是一项细致的手艺活儿，要想面团“听话”地任你摆布，需要积年累月的练习。对于农家人来说，制作面花的工具就是身边随手可得的生活用品，酒瓶盖、梳子、剪刀、锥子……常做农活儿的双手捏起面花来，就像一位自信的艺术家，精雕细刻出的面花犹如一件件艺术品。

面花的造型大有讲究。据说，晋文公放火烧山时，山中的雀鸟纷纷飞落到介子推的头上，将他的头部保护起来。因此，人们会在子推馍上装饰雀鸟造型的面花。除此之外，面花在民间的传统礼俗中，还可作为特殊日子里赠送亲朋好友的礼物。为老人祝寿时赠送的寿桃，就是我们十分熟悉的面花礼物。

谷雨

自雨水后，土膏脉动，今又雨其谷于水。

第一部分

气象特征

“雨生百谷”，谓之谷雨。这是二十四节气中春季的最后一个节气，是春的休止符，又是夏的前奏曲。谷雨节气一般在每年的 4 月 20 日前后。这一天，春天已突破长城，远上塞外；夏天则控制华南全境，已经准备好施展拳脚了。

所以说，谷雨是“万物疯长”的节气。谷雨之后，暑意愈浓，降水大幅增多，各种农作物饱吸能量和水分，开始加速生长。在郁郁葱葱之中，繁盛的夏季开始向我们走来，一年之中的温度、湿度和日照逐渐达到巅峰状态。

谷雨之雨

雨是谷雨节气的灵魂。俗语云："谷雨是旺汛，一刻值千金。"这说明谷雨时节容易下雨，而且在这个时候下雨一般都是好事。气象数据显示，每年的谷雨节气前后，东海和太平洋的东南暖湿气流、南海的西南暖湿气流呈现更强的爆发态势，虽然仍然比不上夏季风，但足以让华南的前汛期进入第一阶段的高峰，并让南方都能出现暴雨。也正是从谷雨节气起，我国主雨带开始摆脱沿海地区，向内陆进军。

谷雨节气时下的雨，已经有了夏天的味道。它们常常组成飑线、强雷雨云团袭击南方，形成暴雨、大暴雨、冰雹、雷雨大风甚至龙卷风等强对流天气。和春分、惊蛰相比，谷雨的雨要暴力得多，雷声也要响亮得多。在一场激烈的暴雨之后，南方经常一夜之间青蒿遍地，这就是谷雨使万物疯长的含义。

谷雨的雨，不仅下起来激烈，而且雨量很大。这个时候，南海的海温已经超过26℃，能孕育出台风了，海面上吹来的风自然也就更暖、更湿，能容纳更多的水汽。这段时间，华南前汛期达到第一阶段的巅峰值，广东沿海时常出现特大暴雨，像珠海就曾经出现过24小时内雨量达到600毫米的暴雨历史纪录。而在江南，凉凉的东南风和西南风掺杂在一起，雨量和雨势都不如华南，但和春分相比，大雨和暴雨明显增多。

谷雨节气，水汽大幅向北方突破，华北和东北的雨量会出现跃升。尤其是当强盛的暖湿气流遇到强盛的冷空气时，往往会出现意想不到的暴雪。如2020年谷雨节气前后，黑龙江、吉林等地大范围降雪，其中黑龙江西部出现暴雪至特大暴雪，齐齐哈尔24小时的降雪量达到特大暴雪量级，积雪18厘米，创造了有气象记录以来4月的历史极值；嫩江积雪达30厘米，扎兰屯积雪达43厘米，冬天都没有这么大的雪。

谷雨暖阳

谷雨节气期间的日照时间比清明时又有所减少。原因很简单，谷雨时偏南风更强一些，雨水比清明时更多一些，水汽更丰富一些。随着海洋气流的吹拂，全国各地的空气质量都比清明时更好，空气显得更加通透。不过，谷雨时太阳直射点已经来到北纬10度以北，也就是我国南沙群岛附近，我国陆地上的太阳辐射正在增强，日照时间也在增加。阳光有时候还会有些刺眼，需要注意防晒。华南在晴天时，甚至偶尔要防中暑了。

不过在西北地区，谷雨这个节气有另外的含义。这里远离太平洋和印度洋，谷雨时非但吹不上东风和南风，反而因为戈壁、沙滩解冻，在北风来临时沙尘漫天。谷雨时，正是西北地区沙尘最频繁、空气质量相对最不好的时期。因为沙尘较多，虽然西北地区的日照时间也延长了，但有效日照却减少了。

谷雨之风

和清明相比，谷雨之风偏东、偏南的更多，水汽含量更为丰富。正是这样的含水之风，才能带来“谷雨”。这段时间，南海西南暖湿气流的温度、湿度可以和夏季风媲美，但是风向还不太稳定，所以不能说是季风。但这种风上岸后，和冷空气交汇，往往带来非常激烈的暴雨，不逊色于夏季风来时的“龙舟水”。因此，在这种谷雨之风的吹拂下，华南三省区将进入夏季。

在江南，谷雨之风仍然不温不火，尤其是长江三角洲一带。因为临近的东海和黄海的水温和清明时相比并无明显上升，所以东南风从温凉的海面吹过，再进入陆地，往往还会引起降温。4月起，江浙沪的温度往往比安徽、湖北，甚至河南、河北更低，原因就在于这种风。当然，长江三角洲地区的风，湿度肯定比北方和内陆大，因此雨带一到这边，降雨就会加强。

北方谷雨节气时，东风和南风不一定带来升温，北风和西风不一定带来降温。因为这个时候，西北的戈壁荒滩已在阳光的照耀下“转性”，成为热源。从这里吹下来的北风和西风非常干热，尤其是翻过太行山进入京津冀、河南北部后，还会叠加焚风效应，有可能让这些地区出现气温30℃以上的炎热天气。而正如上一段所说，当东海、黄海的风吹到北方之后，虽然湿度上升，但气温却有可能下降。

谷雨气团

在谷雨时的气团交锋中，暖气团已经彻底占据上风，大陆气团不一定是冷气团，海洋气团有时候反而比大陆气团更冷。这是因为，谷雨时海陆热力性质已经发生转换，在太阳辐射的热量达到临界点之后，北方大陆尤其是西北的沙漠戈壁滩成了热源，变成了大陆干热气团的发源地，而大陆冷气团的发源地彻底退回西伯利亚，所以冷空气南下就非常无力了。这是谷雨和春分时气团的最大区别。

在北方加入干热气团大军时，西南地区，也就是中南半岛以及我国的海南岛和云南南部的干热气团继续发展。云南干热河谷经常会出现40℃以上高温，海南岛的温度也经常达到37℃以上，是名副其实的酷热天气。

谷雨的季节变换

谷雨前后，气象学意义上的春天已经突破长城，来到塞外，乌鲁木齐、沈阳进入春天，全国只有东北中北部和高海拔山区还是冬天。而夏天几乎控制整个华南，以及云南南部、台湾南部和闽南，准备突破南岭和武夷山一线。所以说，谷雨是春夏过渡的节气，是换季的节气。

季节转换的标准是均温。事实上，谷雨节气前后，日最高温度的变化更加明显。4月中旬，不仅华南三省和江南南部的气温达到30℃乃至35℃，华北、西北甚至东北的气温也可以轻易达到30℃，甚至35℃。以北京为例，2020年4月24日气温就达到30℃，之后，新疆吐鲁番的气温超过了40℃。

但与此同时，受东海、黄海和渤海深度影响的上海、浙江东北部、江苏东部、山东半岛、辽东半岛等地，温度踟躕不前，始终在早晚十几摄氏度，中午二十几摄氏度的水平。这就是海陆热力性质差异影响的体现。因为在谷雨节气，黄海和渤海的海温都只有十几摄氏度，东海北部的海温也仅接近20℃，这些地区的海风吹上来，温度当然会受到压制。

第二部分

谷雨三候

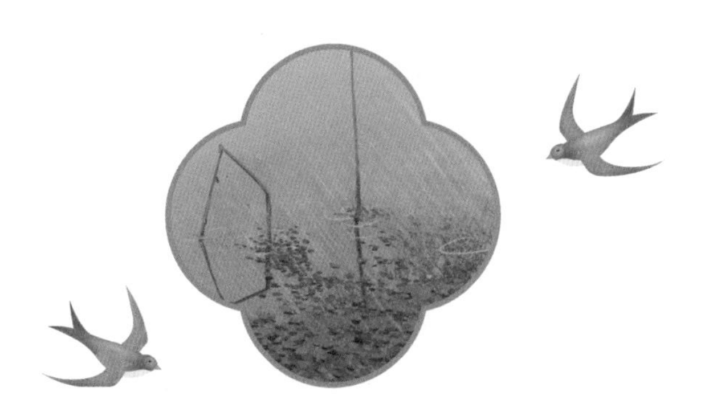

初候，萍始生。

二候，鸣鸠拂其羽。

三候，戴胜降于桑。

初候，萍始生。

谷雨时不仅雨量增多，还有更加潮湿的南风，以及不断升高的气温。在阳光的照耀和暖风的吹拂下，池塘里的水位上升，浮萍开始生长，这是生命繁盛的标志之一。

二候，鸣鸠拂其羽。

鸠，布谷鸟。布谷鸟开始鸣叫，并梳理自己的羽毛。明代诗人汪应轸在《鸠隐》一诗中写道：“鸣鸠拂其羽，四海皆阳春。”这是对谷雨时盛春生机盎然的鲜活写照。而布谷鸟梳理羽毛，也说明鸟类进入活跃期。

三候，戴胜降于桑。

“戴胜”是一种鸟，以头顶上“桂冠”似的羽毛、咕咕叫的声音，以及臭烘烘的味道而闻名。虽然戴胜鸟的味道“臭名昭著”，但它小巧且富有特点的“颜值”，使它成为谷雨三候的“代言人”。

第三部分

节气习俗

咏廿四气诗·谷雨三月中

[唐] 元稹

谷雨春光晓，山川黛色青。

叶间鸣戴胜，泽水长浮萍。

暖屋生蚕蚁，喧风引麦葶。

鸣鸠徒拂羽，信矣不堪听。

祭仓颉

仓 颉

在民间传说中，谷雨名字的由来与仓颉造字有关，这要追溯到远古部落联盟时代。仓颉是轩辕黄帝的史官，当时大小事务都要用贝壳和结绳的方式来记载，要想精确地记录事物非常困难。仓颉立志改变现状，他辞官云游天下，从山川、鸟兽、鱼虫、草木、星宿中寻找灵感，最终创造了文字。文字被发明后，“天雨粟，鬼夜哭”。有了文字后，一直躲藏在黑暗中的“鬼怪”被拖到太阳底下，再也不能随意愚弄人类，只得彻夜痛哭。天帝感动于仓颉的功绩，他知道仓颉爱民如子，便降下五谷雨作为奖赏，人们将这天定为“谷雨节”。

仓颉被人们尊为“文祖”，民间流传着“谷雨祭仓颉”的习俗。在陕西省白水县建有仓颉庙，每年谷雨时都会举办祭仓颉的庙会，这一习俗自汉代以来已经延续千年。

走谷雨

走谷雨就是在谷雨这天到郊野走一走，类似清明节的踏青习俗。妇女们穿梭在村庄的小路上，她们打扮得漂漂亮亮，拜访亲朋好友后，相约一起走到大自然中，在炎热的夏季来临之前，抓住春天最后的一个节气，尽情地舒展身体。卸下平日繁重的工作，人们“走谷雨”的脚步透着欢快和轻盈，“偷得浮生半日闲”，好好享受暮春的好光景，期盼能带来一整年的健康与喜乐。

渔家祭海

渔家祭海是一些沿海地区的习俗，目的是为即将出海的渔民壮行。人们选择在谷雨这天进行祭祀活动，是因为这时的海水温暖，鱼会聚集到浅海地带，更容易被捕猎，是出海捕鱼的好时机。祭海，指的就是向海神祈祷，希望海神能够护佑渔民们平安出海，满载鱼虾而归。祭海仪式十分隆重，人们来到村子里的海神庙，向海神献上供品，敬酒祭拜；有的地方还要将供品摆放到海边，锣鼓声、鞭炮声齐响，面对汹涌澎湃的大海，人们心怀敬畏，诚心向神灵祈愿。

谷雨帖

谷雨帖是类似年画的一种“神符”，也叫“禁蝎帖”，有的上面绘有一只雄赳赳的神鸡，嘴里叼着一只蝎子；有的绘有道教张天师除五毒的形象；有的还会附上一段文字，比如“太上老君如律令，谷雨三月中，蛇蝎永不生”“谷雨三月中，老君下天空，手持七星剑，单斩蝎子精”等，然后将谷雨帖贴在大门之上。为什么要在谷雨这天请太上老君和神鸡来消灭蛇蝎呢？这是因为到了谷雨，气温开始升高，雨量增多，天气变得闷热潮湿起来，各种害虫蠢蠢欲动，密集繁殖，威胁人类的身体健康和农作物的生长。旧时，人们在尽力灭虫的同时，也用张贴谷雨帖的方式祈福，意在将害虫拒之门外。

第四部分

花开时节

牡丹

［唐］徐凝

何人不爱牡丹花，占断城中好物华。

疑是洛川神女作，千娇万态破朝霞。

牡丹

牡丹也被称为“谷雨花”，花期在4月到5月，谷雨前后，是牡丹花开最盛的时节。“谷雨三朝看牡丹”，很多地方会在谷雨这天举办牡丹花会。牡丹是我国十大名花之首，花单生在枝顶，有玫瑰、红紫、粉红至白色，花大而雍容华贵，被誉为“花中之王”。相传武则天在寒冬时节，曾命长安城中的百花为她开放助兴。百花仙子们不敢抗命，违背时令强行绽放，只有牡丹园中荒凉依旧。武则天一怒之下将牡丹贬至洛阳。到了洛阳的牡丹立刻怒放开来，美艳绝伦。从此，便有了“洛阳牡丹甲天下”的说法。

荼蘼

荼蘼是中国最富有神秘色彩的花卉。原因在于，荼蘼花的名字几乎人人都听说过，可要问它到底是哪个科哪个属的花，恐怕少有人能真正说清楚。如今人们普遍认为，荼蘼指的是蔷薇科多个种的中文俗称，包括重瓣空心泡、悬钩子蔷薇等。其中，重瓣空心泡是一种蔷薇科悬钩子属的植物，多开白色的花，也有黄或红色，花期在6月到7月。荼蘼，古时也写作“酴醾”。酴醾是一种黄色的酒，古人认为开黄花的荼蘼颜色和酒色相似，因此将两者的名字混用。“荼靡不争春，寂寞开最晚。”荼蘼花开，春天就真的要过去了。

楝花

楝花，是苦楝的花，花期在4月到5月。楝花芳香，圆锥花序，有五片深裂的花萼，裂片呈卵形，花瓣为淡紫色。楝花开在江南的春末夏初，常在人们不经意间就悄悄地开遍枝头。明代戏曲作家高濂说："苦楝发花如海棠，一蓓数朵，满树可观。"楝花虽然小而细碎，但满树楝花香气扑鼻，簇簇淡紫色的花团让人不舍得移开视线。古时江南的二十四番花信风，始于梅花，终于楝花。宋人程棨在《三柳轩杂识》中称"楝花为晚客"，人们就将"晚客"作为它的别称。不过好花不怕晚，有了楝花，暮春时的惆怅情绪也得到了些许宽慰。

第五部分

谷雨忙采茶

常喝茶的人都知道，要想制出好茶，首先要找准采摘茶叶的时机。在春季，人们把清明前采制的茶称为“明前茶”，把谷雨前采制的茶称为“雨前茶”。如果是谷雨当天采摘的茶，那就是“谷雨茶”了。《茶疏》里说：“清明太早，立夏太迟，谷雨前后，其时适中。”

谷雨茶

“几枝新叶萧萧竹，数笔横皴淡淡山。正好清明连谷雨，一杯香茗坐其间。”和好友泡上一壶谷雨茶，赏美景，品香茗，开怀畅谈。诗人郑板桥为我们勾勒出的这番景象，实在令人醉心向往。

常喝茶的人都知道，要想制出好茶，首先要找准采摘茶叶的时机。在春季，人们把清明前采制的茶称为“明前茶”，把谷雨以前采制的茶称为“雨前茶”，也叫作“二春茶”。如果是谷雨当天采摘的茶，那就是“谷雨茶”了。明代学者许次纾在《茶疏》里说：“清明太早，立夏太迟，谷雨前后，其时适中。”

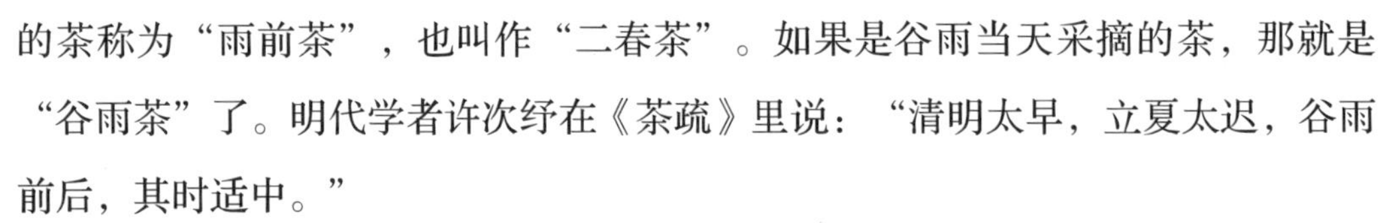

在“万物疯长”的谷雨前后，充足的雨水、温暖的阳光、舒适的温度，使得茶树生出柔嫩、厚实的芽叶，制出的春茶味道鲜爽，有着令人心旷神怡的清香。古人认为谷雨茶有解酒毒的功效，正如诗中所写：“二月山家谷雨天，半坡芳茗露华鲜。春醒酒病兼消渴，惜取新芽旋摘煎。”

自古以来，喝茶就是一件极具雅趣的事，细品它微妙的味道差异，观察它的颜色，想象它的形状，感受此刻的宁静、淡泊与闲趣。一芽一嫩叶的谷雨茶泡在水里，就像古代展开旌旗的枪，人们把这种茶叶命名为“旗枪”；一芽两嫩叶的则像雀类的舌头，人们就称它为“雀舌”。

中国是茶的故乡，西方人称茶为“神奇的东方树叶”。在二十四节气文化中，很多节气都与茶有关。除了明前茶、谷雨茶，还有立夏茶、立秋茶、白露茶……跟着大自然的步调饮一杯时令茶，让繁忙的生活也偶尔放松一下吧。

谷雨油茶

在侗族人家，家里的妈妈、奶奶等女性长辈都会制作油茶。制作油茶在当地被称为“打油茶”，是侗族重要的传统饮食习俗。“香油芝麻如葱花，美酒蜜糖不如它。一天油茶喝三碗，养精蓄力有劲头。”

打油茶要用到茶叶、芝麻、花生、糯米、葱等原料。可用的茶分为两种，一种是经过专门烘炒的末茶，另一种是茶树上新生的幼芽叶。一碗香美的油茶源于一片片好的茶叶，人们自然不会放过谷雨这个采茶的好时节。

打油茶有点茶、炒茶、煮茶、配茶四道工序。点茶就是准备好茶叶；炒茶是将茶叶放入热油锅中，用锅铲不断翻炒；待茶叶炒出清香味时，加水煮沸，称为煮茶；等到茶汤快要起锅时，再撒上一些葱、姜，油茶就出锅了；最后一道工序是配茶，碗里事先放好米花、花生、黄豆等配料，用大汤勺舀上一勺油茶，斟入碗中，顿时香气扑鼻而来。不同的配料可以做出糯米油茶、米花油茶、鱼子油茶等不同口味。

侗族人家热情好客，油茶是招待客人必不可少的食物，精选的配料也格外丰富。这里还有个有趣的讲究，那就是喝油茶时只能用一根筷子。在侗家人的待客之道里，一根筷子代表一心一意。客人至少要喝三碗，寓意“三碗不见外”；三碗过后，如果不想再吃，就把筷子架在自己的碗上，表示已经吃饱了，感谢主人的招待。不然，主人就会不断地为客人重新盛满。

图书在版编目（CIP）数据

气象中的二十四节气 / 郑远著 . -- 北京 : 九州出版社 , 2021.1

ISBN 978-7-5108-9874-7

Ⅰ . ①气… Ⅱ . ①郑… Ⅲ . ①二十四节气 Ⅳ . ① P462

中国版本图书馆 CIP 数据核字 (2020) 第 231435 号

气象中的二十四节气

作　　者　郑　远　著
选题策划　苗　洪　孙　倩
责任编辑　周　春
特约编辑　刘　柳
美术视觉　李昕卓 × 茶水间工作室 × 白　玛
装帧设计　果　丹
出版发行　九州出版社
地　　址　北京市西城区阜外大街甲 35 号（100037）
发行电话　（010）68992190/3/5/6
网　　址　www.jiuzhoupress.com
电子信箱　jiuzhou@jiuzhoupress.com
印　　刷　北京尚唐印刷包装有限公司
开　　本　889 毫米 ×1194 毫米　16 开
印　　张　39
字　　数　580 千字
版　　次　2021 年 1 月第 1 版
印　　次　2021 年 1 月第 1 次印刷
书　　号　ISBN 978-7-5108-9874-7
定　　价　198.00 元（全 4 册）